天山北坡干旱区
生态环境变化研究

● 李发东　李艳红　郝　帅　冷佩芳　著

中国农业科学技术出版社

图书在版编目（CIP）数据

天山北坡干旱区生态环境变化研究/李发东等著. -- 北京：
中国农业科学技术出版社，2023.6
ISBN 978-7-5116-6306-1

Ⅰ.①天…　Ⅱ.①李…　Ⅲ.①天山－干旱区－生态环境－
研究　Ⅳ.① X321.245

中国国家版本馆 CIP 数据核字（2023）第 105411 号

责任编辑　马维玲　崔改泵
责任校对　李向荣
责任印制　姜义伟　王思文

出 版 者　中国农业科学技术出版社
　　　　　北京市中关村南大街 12 号　　邮编：100081
电　　话　（010）82109194（编辑室）　（010）82109702（发行部）
　　　　　（010）82109709（读者服务部）
网　　址　https://castp.caas.cn
经 销 者　各地新华书店
印 刷 者　北京建宏印刷有限公司
开　　本　170 mm×240 mm　1/16
印　　张　13.25
字　　数　253 千字
版　　次　2023 年 6 月第 1 版　2023 年 6 月第 1 次印刷
定　　价　80.00 元

项目资助

本研究获得国家基金委新疆联合基金重点项目"干旱区膜下滴灌农田生态系统水盐与养分运移及环境效应"资助（U1803244）。

内 容 简 介

　　本研究重点对玛纳斯河流域至艾比湖流域的天山北坡干旱区绿洲和湖泊生态环境变化开展针对性研究，旨在发现研究区降水、空气温（湿）度、土壤水分、养分和盐分的动态变化规律，揭示影响玛纳斯河流域绿洲农业和艾比湖周边植被分布的影响因素，探讨绿洲农业对水盐和养分的影响机理，分析盐分对干旱区湖泊植被耗水策略的影响，为天山北坡干旱区绿洲农业发展和自然生态环境恢复提供科学支撑。

前 言

　　在人类长期的文明演进中，我们不断地与自然界进行着相互作用。然而，随着现代工业化、城市化和农业发展的急剧推进，人类也不可避免地面临着生态环境问题的挑战。其中，干旱区的生态环境变化无疑是当前全球范围内备受关注的焦点之一。

　　《天山北坡干旱区生态环境变化研究》一书的诞生，正是基于对这一关键领域的深刻关注与研究。天山北坡作为我国重要的生态区域之一，其干旱区生态环境的演变与变化，不仅影响着当地居民的生计与发展，更与全球生态平衡息息相关。

　　本书旨在通过对天山北坡干旱区生态环境变化的多角度、多层次研究，重点研究艾比湖流域生态环境变化情况，揭示其背后的原因与机制，探讨人类活动对其造成的影响，以及寻找改善和保护生态环境的可行途径。书中内容涵盖广泛，包括水环境变化、植被覆盖变化、土地利用变化等多个方面，力求综合深入剖析干旱区生态环境的变迁。

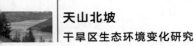

通过深入了解干旱区生态环境变化，我们不仅能够更好地应对当前的挑战，也能够为后代留下更美好的生存环境。愿本书为广大研究者、政策制定者以及关心生态环境的读者提供有益的信息与启发，共同努力，共建绿色、可持续的明天。

目　录

1

绪　　论

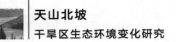

1.1 干旱区生态环境变化研究的重要意义

干旱区约占地球陆地面积的 41 %，养育了世界上超过 38 % 的人口，是大多数发展中国家和贫困人口的聚集地，也是全球气候变化影响和响应最敏感的地区之一。新疆维吾尔自治区（全书简称新疆）地处中纬度内陆区，远离海洋，是全球最大的非地带性干旱区（亚洲中部干旱区）的核心组成部分。受西风、季风和高原大地形的共同影响，在北半球气候环境系统中占据着极为重要的地位，在全球干旱区中具有代表性，水资源异常稀缺，对全球气候变化响应异常敏感，同时也是生态环境最脆弱的地区。该地区的特点是大陆性气候和广泛的内流盆地，完全依赖于周围山区的水资源补给。该地区具有独特的山地-盆地结构和脆弱的山地-绿洲-沙漠生态系统，也是"丝绸之路经济带"的核心区域，对中国未来的可持续发展至关重要。形成独具特色的山区-绿洲-荒漠三大生态系统，气候复杂，水循环过程独特，生态环境脆弱，对气候变化极其敏感，是全球变化和水资源研究的关键区。

1.2 新疆干旱区绿洲概况与生态问题

1.2.1 研究区天山北坡干旱区概况

天山山脉位于亚洲内陆腹地，是亚洲中部最大的山系之一，也是世界上山地冰川分布最多的山系之一。天山山脉西起图兰平原，向东穿越吉尔吉斯斯坦和哈萨克斯坦进入中国新疆境内，全长约 2 100 km，南北最大宽度约 300 km。新疆天山北坡荒漠带海拔 800～1 700 m，包括西段（巩留县、新源县、乌苏市）、中段（玛纳斯县、呼图壁县、乌鲁木齐市）和东段（奇台县、木垒县、巴里坤县），天山国内段全长约 1 700 km，山体总面积约 $5.7 \times 10^5 \ km^2$。地处亚欧大陆腹地，自然条件严酷。这种荒漠生态系统极其脆弱，对于气候变化的响应十分敏感。

天山北坡地处天山山麓中段、准噶尔盆地南部。新疆天山北坡主要系天山山脉中段博格达山、依连哈比尔尕山和婆罗科努山分水岭以北的区域。天山地区地形高差悬殊，气温变化大且具有明显的空间差异，北坡平均气温低于南坡；降水主要受西风气流和北冰洋气团的影响，空间分布不均，北坡降水量多于南坡。天山北坡主要包括哈尔里克山、巴里坤山、博格达山、天格尔山、依连哈比尔尕山、那拉提山、科克铁克山、哈尔克他乌山、捷尔斯格伊阿拉套和塔拉斯阿拉套的北坡，以及博罗克努山、科古琴山、别珍套山、外伊犁阿拉套、吉尔吉斯山等山脉，天山北坡绿洲拥有丰富的水系资源，包括玛纳斯河、伊犁河、安集海河、塔西河、呼图壁河、头屯河、乌鲁木齐河、白杨河等46条河流。

天山北坡地势南高北低，南部为天山山区，中部为冲积平原，北部为古尔班通古特沙漠，根据研究区自然地理和景观的分异规律，通常将此地区从南向北依此划分为中高山带、前山带、绿洲区、北部沙漠区以及绿洲荒漠过渡带等景观类型。中高山带包括高山带和中山森林带，海拔1 500～1 600 m；前山带指位于主体山脉之前的低山区，是中高山带与平原区之间的过渡带；绿洲区通常位于前山带河流出山口形成的冲洪积扇和冲积平原；北部沙漠区主要是准噶尔南缘荒漠平原和准噶尔沙漠区；绿洲荒漠过渡带主要包括绿洲和荒漠之间的过渡地区。自然植被以草地、灌木为主，林地主要以南部（天山）山区的常绿针叶林为主。土壤类型主要以灌淤土、棕钙土、灰漠土、盐土和风沙土为主，中高山区广布冰川和冻土。研究区属于典型温带大陆性干旱气候，四季分明，夏季高温多雨，冬季寒冷干燥，光照充足但温差较大，降水量小而蒸发量大，年降水量150～350 mm，年蒸发量1 948 mm。年平均气温6～7.2 ℃，最低气温出现于1月，最高气温出现于7月，早霜9月出现，晚霜5月中下旬终止，无霜期约为120 d。积雪厚度一般为0.5～1.5 m，冻土层深度超过1 m以上，部分地区大于2 m，高山融雪为绿洲提供了充足的水源，为农业发展提供了良好的条件。由于中部冲积平原区适宜农业发展，尤其是21世纪以来，耕地面积持续增长，城市化程度不断增强，天山北坡已成为新疆人类活动影响最显著的区域之一。主要农作物有棉花、小麦、玉米。河流系统的洪水期是每年的6—8月，其中进水量约占年径流量的70 %，而在2—4月的枯水干旱期，径流很少，出现河流断流无水现象。除此之外，新疆地域辽阔，有着丰富的旅游资源，自然景观与人文景观种类繁多，天池、葡萄沟、魔鬼城、胡杨林等，一年四季景观各不相同，天山北坡绿洲的旅游业发展潜力巨大。

研究区存在着典型的非地带性规律，具体表现为垂直带性分异，海拔由山地的5 000 m左右降至沙漠边缘的200 m左右；由南往北，降水随海拔降低先增加后减少，在山区中低山带年降水量500 mm左右，是干旱区的"湿岛"，平原区年降水量约200 mm；北部沙漠区年降水量约100 mm；年均气温由山区的不到2 ℃到平原区的6～8 ℃。区域生态环境特点是立体型结构，形成了具有特色鲜明、较为脆弱的山地-绿洲-荒漠生态系统。

依据《新疆草地资源及其利用》的观点，可以将天山北坡荒漠分为天山北坡西段、中段和东段。天山北坡西段荒漠是指沙湾巴音沟以西的北天山山脊线以北的荒漠区，此区域包括博乐市、巩留县、新源县和乌苏市等区域，乌苏一带山地荒漠占据海拔800～1 300 m的低山带。春季降水较多，冬季有大量积雪，春季因雪水融化导致有大量短命植物出现；天山北坡中段荒漠是指沙湾以东到乌鲁木齐完整统一的自然综合体，南起天山分水岭，北至古尔班通古特沙漠中心，此区域包含玛纳斯县、呼图壁县、昌吉市、乌鲁木齐市等广大区域，天山北坡中段荒漠区在西部的分布下限海拔多为800～900 m，上限为1 200～1 400 m，与山地荒漠草原带交织分布，此区域夏季降水相对较多。天山北坡东段荒漠是奇台以东的北天山山脊线以北的荒漠区，此区域包括奇台县、木垒县和巴里坤县等区域，巴里坤山地荒漠分布于海拔1 500～1 800 m的低山带，天山东段冬季无积雪，早春短命、类短命植物相对较少。

建群种主要为伊犁绢蒿（*Seriphidium transiliense*）和博洛塔绢蒿（*Seriphidium borotalense*），伴生种有木地肤（*Kochia prostrata*）、羊茅（*Festuca ovina*）、新疆针茅（*Stipa sareptana*）、短柱苔草（*Carex turkestanica*）、彝角果葵（*Ceratocarpus arenarius*）、猪毛菜（*Salsola collina*）等，春季有大量早春短命植物出现，如鳞茎早熟禾（*Poa annua*）、鸢尾蒜（*Ixiolirion tataricum*）、弯果胡卢巴（*Trigonella arcuata*）、沙葱（*Allium mongolicum*）、伊犁郁金香（*Tulipa iliensis*）等。典型山地荒漠草原植被以镰芒针茅（*Stipa caucasica*）、羊茅（*Festuca ovina*）为优势种；以博洛塔绢蒿（*Seriphidium borotalense*）、

草原苔草（*Carex turkestanica*）、刺叶锦鸡儿（*Caragana acanthophylla*）为伴生种，盖度 30 %，6—8 月平均地上生物量 73.63 g/m²，平均地下生物量 1 332.32 g/m²；主要分布在新疆天山北坡中低山带，是天山北坡主要草地类型，分布面积大，是主要的春秋放牧草场。典型山地灌丛草甸植被以紫苞鸢尾（*Iris ruthenic*）、草原糙苏（*Pholmis pratensis*）为优势种；以二裂委陵菜（*Potentilla bifurca*）、阿尔泰狗娃花（*Heteropappus altaicus*）、宽刺蔷薇（*Rosa platyacantha*）为伴生种。6—8 月平均地上生物量 92.68 g/m²，平均地下生物量 1 512.7 g/m²。

1.2.2　天山北坡干旱区存在主要生态环境问题

天山北坡地处西北干旱区的主体，天山北坡地区作为新疆政治、经济和文化的核心地带，是新疆人口最密集、人类活动最活跃的区域。其丰富的草地资源及广阔的农田使之成为我国西北重要的农牧业发展基地，同时也是我国实施发展"天山北坡经济带"重点建设区域。作为"丝绸之路经济带"的重要组成部分，天山北坡具有得天独厚的区位优势和能源优势，发展潜力巨大，但作为典型的干旱绿洲经济区，近年来，由于气候变化、人类活动和土地利用方式变更等因素的影响，已造成天山北坡区域内草地退化、林地萎缩、土壤盐渍化和地下水位下降等一系列生态环境问题。绿洲边缘盐漠化严重，冰川退缩显著，脆弱敏感的生态环境制约着社会经济的可持续发展。亟须深入开展水资源短缺原因及水资源高效利用、生态环境恢复、资源环境承载力研究，制定相应的对策和管理政策。

农业开发改变了水资源的时空分布，人工植被代替自然植被，原始的自然生态系统被人工农田生态系统所取代。一方面人工生态系统的建立，扩大了灌溉绿洲，提高了土地生产力，发挥了水资源利用的潜力，创造了绿洲小气候，从而大大提高了环境的人口容量，为人类在干旱荒漠区的生存和发展奠定了基础。另一方面，随之而来的是水量的地域分配平衡、盐量平均、生态平衡及生物多样性遭受破坏，扩大了上游盐渍化和下游沙漠化的发展，对人类的生存与发展又构成了一定的威胁。总的演变趋势是荒漠化与绿洲化并存，即绿洲与沙漠同时扩大，而处于二者之间的林地、草地、自然水域和野生动物栖息地缩小，呈现环境演替的双向性。在绿洲荒漠化发生的同时，荒

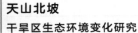

漠绿洲化与天然绿洲人工化的增长速度更快。

　　水资源是干旱区内陆河流域社会经济发展的命脉和生态环境变化的主导要素，在气候变暖的背景下，以积雪融水为基础的干旱区水资源系统非常脆弱和敏感，融雪水变化导致的水资源异变，正改变着水资源时空分布和水循环过程，极端水文事件发生频率和强度不断上升，水资源供需矛盾日益突出并成为制约干旱区经济发展的瓶颈。

　　在天山北坡东段的研究中发现，空间分异呈现出明显的南北递变的地带性，由北部沙漠区的风力侵蚀作用过渡到中部平原的风水复合侵蚀作用，再到南部山区的水力侵蚀及冻融侵蚀作用。北部沙漠区以轻度风蚀为主，占97.66 %，中度及以上风蚀集中在研究区东北角流动、半固定沙丘及油气田附近；中部平原区以轻度复合侵蚀为主，占 72.49 %，强烈及以上侵蚀分布在山前冲积扇区域；南部山丘区以轻度水蚀为主，占 50.59 %，强烈及以上水蚀集中分布在过度放牧和矿山开采区域。整体上，林草覆盖度较高的南部中高山区土壤侵蚀强度较低，而人类活动相对集中的平原区、河流沟道两侧、低山丘陵区及沙漠油气田土壤侵蚀强度较高。自然因素是产生土壤侵蚀区域分异的先决条件，人为活动的差异进一步加剧了土壤侵蚀区域分异。

　　从行政区划上看，天山北坡经济带各区域发展水平不均衡，生态环境条件不一致，区域发展水平与生态环境的协调性也不尽相同。由于自然环境与交通条件的差异，天山北坡区域发展水平呈现出中部高、两端低的态势，生态环境状况则由西至东逐渐下降。总体来看，天山北坡西部县市生态环境保护较好，而社会经济发展相对缓慢；东部县市由于自然条件较差，限制了区域的社会经济发展；中部地区具有较好的自然条件与地域优势，交通发达，社会经济发展较快，且对生态环境保护较为重视，在生态条件改善与环境保护上具有较大优势，区域发展与生态环境协调性相对较好。温泉、精河、乌苏等5市县境内有多个自然保护区，生态条件与资源条件均较好。木垒县生态基础差，土地沙化严重。昌吉、米泉、阜康、奎屯等地区，则是由于经济较快发展，水资源紧张，环境恶化严重。石河子、米泉、阜康、奎屯、昌吉和玛纳斯6个县市，是新疆经济发展的核心区域，工业基础良好，社会经济发展较为迅速，区域发展水平普遍较高，处于天山北坡经济带中上水平。人口的高密度、开发的高强度、资源的高消耗，必然对生态环境造成一定破坏。

由于这些县市经济发展速度稳定，对生态环境的影响也控制在一定程度，总体来说较为协调。乌鲁木齐与克拉玛依为区域发展超前型，呼图壁、博乐为区域发展相对滞后型，奇台、木垒为生态环境脆弱型。博乐和呼图壁生态环境在天北处于中上水平，生态环境保护政策相对严格，而博乐作为博州驻地，具有一定的政策优势，呼图壁的区位条件较好，因此，区域发展速度较快，但从其自身生态环境条件来看，区域发展水平相对滞后。奇台、木垒地处天山北坡最东端，临近准噶尔盆地，自然条件较差，降水较少，土地沙化严重。据《新疆沙化土地监测报告》，2004 年奇台、木垒沙化土地面积分别达全县土地总面积的 42.37 % 和 34.47 %。由于生态基础不好，粮食产量较低，严重限制了区域经济的发展。温泉、精河、乌苏、沙湾、吉木萨尔，这 5 个县市多为农牧业大县，以生态条件好、区域发展水平相对不高为特征。区域内有多个国家级、自治区级自然保护区，如乌苏、精河的甘家湖梭梭林自然保护区，博州的艾比湖湿地自然保护区、夏尔希里自然保护区，温泉的北鲵自然保护区等。由于原始生态环境好，政府有严格的保护政策，加上交通条件相对较差，区域发展相对缓慢，对生态环境胁迫作用不强，生态环境维持较好。在促进经济发展的同时保护有限的水资源和森林资源，防止土地沙化的不断加剧，遏制环境污染日益严重的势头，为天山北坡区域全面建设小康社会和可持续发展的策略优化提供科学的决策依据和动力支持。

1.3　气候变化对新疆水资源的影响

气候变化对全疆水资源的影响明显，呈现出气温升高，冰川消融加速，降水、蒸发和河川径流量持续增加的趋势。20 世纪 80 年代中后期至 90 年代后期，新疆呈"暖湿化"特征，但 1997 年之后，温度跃升，潜在蒸发加剧，降水量微弱减少，导致 70 % 以上的区域变干，新疆干旱变化趋势、不同强度干旱频率、干旱发生月份和干旱站次比等方面均有明显增加，新疆气候出现了从"暖湿化"向"暖干化"转折的强烈信号，即发生了"湿干转折"。基于气象水文观测资料分析了 1961—2018 年新疆区域干湿气候变化及其影响，发现从 1961—2018 年，极端最高气温、极端最低气温、高温日数显著增加，且高温开始日期提前，高温结束日期延迟。进入 21 世纪初期，新疆气候表现出明显的变暖增湿特点，根据 1956—2016 年资料分析，全区气温增长速率约 0.3 ℃ /10 年，降水增长速率约 10 mm/10 年，增速明显高于全国其他省份。从空间上看，新疆北部的年平均气温上升速度快于新疆南部和东部。天山地区平均气温以 0.3 ℃ /10 年的速度上升，在天山中东部达到最高 0.45 ℃ /10 年。1960—2012 年天山南坡四季气温总体呈显著上升趋势，气温在冬季增温速率最快。全疆大部分地区降水量均在 200 mm 以下，但总体呈增加趋势。此外，降水的变化存在局部性差异，北部和西部降水普遍高于南部和东部，并且由于受到地形影响，山区降水更高。天山地区的年降水量增加更为强劲，其次是新疆北部和南部。西天山经历了微弱的增长（1961—2005 年）。季节性降水增加主要在冬季和夏季。然而，新疆北部冬季降水显著增加，而夏季降水增加主导了新疆南部（1961—2005 年）的降水增加。

　　高山积雪和冰川的分布对气候变化高度敏感。近 20 年新疆北部和南部冰川均呈现出一定程度的萎缩态势，气温升高直接导致冰川消融速度加快，削弱了冰川积雪的"固体水库"调节作用，天山以冰雪为主体的固态水库处于持续亏缺状态，冰川急剧退缩加速了山区水储量减少。未来部分冰川消失后，以冰川消融为补给源的地表水量将逐渐减少，河流的可利用水资源量也将会持续减少。2003—2015 年天山山区水储量的递减速率为（-0.7 ± 1.53）cm/ 年，天山中部区域的递减速率最大，这一结果与该区域冰川急剧退缩相吻合。天山的最大积雪深度和积雪持续时间在过去几十年（1940—1991 年）分别减少了 10 cm 和 9 d。总体而言，气候变暖被认为是冰川前缘退缩的主要原因，未来冰川面积将因气温持续升高而减少。由于该区域超过 45 % 的地表水是由雪和冰川融水贡献的，预计气候变化将强烈影响雪或冰川融化和季节性水的可用性。由于积雪和冰川融水在区域水平衡中的重要作用，山区易受气候变化的影响。较高的温度可以减少冬季积雪，并可能改变随后融雪径流的速率和时间。此外，气候变暖不仅极大地影响降水的形式（雨或雪），而且加速冰川消融，影响雪和冰川融化径流的季节变化，从而增加湖泊流域的径流。新疆地表径流 80 % 以上来自山区，冰雪融水占比 45 % 以上。因此，融雪径流时间变化和冰川消融不仅直接影响季节性径流的可利用性，也是气候变化的关键指标。气候变化对以融雪径流为主要径流补给的干旱区内陆河流域有重要的影响，近年来，随着气温不断升高，我国西北部分冰川、积雪的消融加剧，而冰雪融水的变化直接决定了沙漠地区绿洲的规模。

　　气候变化的影响不仅体现在气候要素的趋势上，还会导致意想不到的极端事件。温度影响雪和冰川融化径流，而降水可直接导致径流峰值。因此，受气候变化的影响，暴雨引发的和温度（即融化）引发的洪水在 1990 年之后变得更加频繁，如大洪水（重现期＞10 年）。温度和降水极端事件的幅度和频率在过去几十年（1958—2012 年）有所增加，预计在长期（2071—2100 年）中会增加。尽管存在不确定性，但根据 PRECIS 气候数据和 SRES B2 情景（2071—2100 年），预计高温事件的持续时间会更长，极端降水事件的频率预计会增加。近几十年来，针对新疆乃至整个西北干旱区典型的内陆河流域气候变化对水文水资源的大量研究表明，基于 1958—1997 年的新疆地区的气象和水文资料，未来 50～70 年新疆总体地表径流变化稳定，而在北疆和南疆径流可能会增加；塔里木河流域[①] 4 条源流出山口径流量在 20 世纪 50—80 年代接近多年（1957—1999 年）平均值，而在 90 年代由于受山区增暖变湿影响，4 条源流的径流量增幅达 7.6％；在全球变化的背景下，塔里木河流域气候变化呈暖湿化趋势，且在 1986 年附近有一个明显的转折，但厄尔尼诺或拉尼娜-南方振荡现象（EI Nino-Southern Oscillation，简称 ENSO）与近半个世纪的气候-水文要素的关系不显著；塔里木河源流区，温度升高对径流量的增加要大于降水量增加的贡献，径流量增加的一个重要原因是气温增加导致的高山冰雪融化加快；气候变化对塔里木河来自天山的地表径流的影响结果表明，河源山区气温呈持续升温且降水波动增加的趋势，流域出口的流量序列特征与流域山区的气候变化密切相关。在过去 50 年气候变化和人类活动对塔里木河流域地表径流的影响结果表明，在山区，由于受气候变化的影响而导致了塔里木河主要源河的径流量增加；但是在盆地平原区，由于受人类活动，特别是灌溉用水的影响，导致了塔里木河干流的径流量减少。通过选择新疆 8 条代表性河流，分析新疆近 50 年地表径流对气候变化的响应，结果发现受气温和降水的共同影响，大部分河流自 20 世纪 90 年代初水量显著增多，还出现了春汛相对提前、夏汛稍微推迟和洪峰流量增大的现象。选取 1961—2005 年

---

① 和田河、叶尔羌河、喀什噶尔河和阿克苏河。

开孔河与叶尔羌河出山口径流与气温、降水进行相关分析并对比气温与降水对形成于昆仑山水系和天山水系的河流，结果发现，气温对形成于昆仑山水系的影响较大，而降水对其的影响则较小。西北干旱区过去50年地表径流对气候变化的响应，结果表明，不同流域径流量变化趋势不尽一致，开都河、阿克苏河与疏勒河的径流量呈现出增加趋势，而石羊河的径流量则呈显著减少趋势；在北疆地区，径流量与降水量呈显著的正相关；而在天山南坡、中段天山北坡及疏勒河流域，径流量与气温呈显著的正相关。总体来看，干旱区整体气候具有相似性，但具体到不同区域的小流域，其流域的气候变化与径流关系却并不一致，这说明有必要对气候-径流关系一致的进行归类研究或者对某个相对独立的流域进行单个的具体研究。此外，已有研究表明新疆内陆河流域的气候和径流长时间变化表现为非线性非平稳性特征，具有准周期和分形特征，且径流对气候变化具有多尺度响应。

气候变暖会加强水循环，特别是在高纬度盆地和最冷盆地的春季水流高峰。为了解决对受影响人口的影响，有必要在区域和流域范围内识别河流流量的变化。天山地区的径流如阿克苏河、开都河及乌鲁木齐河等流域，在过去几十年中呈增长趋势，这归因于降水和融水的增加，但自20世纪90年代中期以来，3个流域的径流量都呈减少趋势，与流域内冰川面积减少、厚度变薄及平衡线海拔升高的关系密切。其中冰川衍生的径流自20世纪90年代以来经历了显著增加，这与观测到的升温趋势基本一致。由于盆地的气候和冰冻圈特征不同，径流变化局部存在差异，从空间上看，北疆流量增加主要受降水变化的驱动，而南疆受新疆中部和南部气温变化的影响更大。从地理上看，自20世纪80年代中期以来，高度冰川融化的盆地流量呈现出急剧上升的趋势，这些流量变化很可能受温度变化支配。从时间上看，径流对冬季积雪和春季融雪更为敏感。在开都盆地，春季径流增加是由温度变化驱动的，而在夏季，降水变化是主要驱动力。山区的径流已经并将受到气候变化的重大影响，山区冰川的消失预计将对未来全球和区域范围内的供水产生负面影响。总之，以新疆为代表的西北地区气候正由暖干型向暖湿型转变，导致降水量明显增加，冰川加速融化，地表水资源量增加趋势明显。20世纪50年代以来，新疆总径流呈增加趋势，在全国各省区中最显著。受气候变化的影响，20世纪80年代末以来，以高山冰雪融水和雨水补给的河流四季径流量均有增加，以季节积雪和雨水补给为主的河流在除夏季以外的其他季节径流量均有增加。空间分布上，天山山区增加尤其明显，其他地区有不同程度的增加，昆仑山北坡略微有减少。南疆塔里木河流域出山口总径流量呈增加趋势，但存在明显的空间差异。水资源的供需矛盾及洪水威胁因气候变暖而更加凸显。

气温升高和水文状况的相应变化可能会威胁新疆的季节性水资源，这对水资源管理具有直接影响。融化的雪和冰川导致冰川补给盆地的流量短期增加，这可能通过改变季节性径流来改变区域水文循环。然而，从长远来看，随着冰川的退缩和消失，预计冰川融水将变得越来越稀缺，这将威胁水的供应，尤其是在夏季。此外，降水增多的气候变暖也可能导致洪水风险增加，这将影响下游环境和生计。

1.4　新疆干旱区绿洲与气候变化

绿洲是荒漠中有水源，适于植物生长、人类居住或暂驻，可供人类进行农牧业和工业生产等社会经济活动的地区，干旱区的开发与农业活动，均与绿洲存在直接的联系。中国 222 万 km^2 的干旱区中，绿洲面积仅占 3 %～5 %，却抚育了干旱区 90 % 以上的人口，创造了 95 % 以上的工农业产值。绿洲是灌溉的产物，水制约着绿洲的分布位置及规模大小，绿洲农业生态系统受风沙、干旱、盐碱等不利因素影响较大，农业生物种类单调贫乏，稳定性差。脆弱敏感的生态环境是孤立绿洲发展农业的先天不足因素。

在中国新疆荒漠-绿洲地区，绿洲农业开发历史悠久，5 万年前，就有人类在此活动；西周时期，农耕经济有所发展；唐朝时期，水稻、棉花在西域各地广泛种植；1884 年新疆建省以后，清政府扩大屯田；到 20 世纪初期，全疆人口达到 216 万，耕地面积达到 70.33 万 hm^2；中华人民共和国成立后（1949—2015 年），新疆绿洲农业进入更高速的发展阶段，新疆人工绿洲面积由 2 万 km^2 增长到 9.54 万 km^2，耕地面积由 121 万 hm^2 增长到 419.13 万 hm^2；到 2018 年，全疆耕地面积达到 524.2 万 hm^2，第一产业在新疆经济高速增长的过程中占主导作用，农林牧渔业总产值由 1978 年的 19.12 亿元增长到 2018 年的 3 637.78 亿元，年平均增速达到 14.4 %。基于 1990—2019 年阿拉尔垦区土地利用变化表明，垦区内耕地、园地、水体和建设用地的面积呈增加趋势，林草地和未利用地的面积呈减少趋势；耕地和园地面积的增加主要是由塔里木河沿岸区域之外的未利用地转换而来。暖湿条件的趋势也可能导致栽培作物类型从冬小麦转向棉花。这种转变将导致比其他作物（小麦、玉米、油菜和甜菜）更大的用水需求，干旱地区生态环境脆弱，农民以种植为主要收入来源。部分地区农地开垦过度、存在规模过大、湿地转为农田（包括通过排水直接开发和占用湿地，以及农业灌溉引起的缺水导致的湿地退化）的情况。耕地面积增加，导致灌溉需求增加，未来绿洲的农业需水量将会显著地增加。扩大绿洲农业生产来增加经济效益的同时削弱了绿洲的可持续性，因此，更需要确定可用水资源及其分配。政府有必要制定更严格的恢复计划，并建设更多的灌溉工程，以提高灌溉用水效率。

气候变化以及气候变化影响下的人类活动，对西北干旱区水文循环特征和水资源开发利用都具有重要意义，尤其是农业灌溉对水资源的影响显著。在以山区降水、冰雪水资源补给为基础的中国西北干旱区，农业发展不仅是支撑社会经济发展的重要支柱，还影响着区域生态环境和水文循环。因而气候变化背景下干旱区农业发展的灌溉需求对水资源的影响也不容忽视。水资源对绿洲农业的发展尤其重要，农业用水占到总用水量的86%以上。气温升高和水文状况的相应变化可能会威胁新疆的季节性水资源供应，这对水资源管理具有直接影响。在当前水资源储量下降的背景下，灌溉用水受到威胁，进而影响作物产量和粮食安全。

新疆是典型的干旱区，降水量严重不足，水资源匮乏。农业生产主要依赖于从地表水和地下水中提取的灌溉，这些水最初来自天山山脉的冰川融化补给（中国西北地区位于亚洲的"水塔"内）。随着全球气候变化加剧、人类活动加强，水循环、生态水文过程、水资源情势发生了变化。气候变暖期间，由于气温和降水的增加，地表水也在发生变化。大部分的水文站径流在增加，少部分水文站径流在减少。绿洲农业高度依赖积雪融水灌溉的径流，新疆种植了大面积的农作物，是粮食的主产区。小麦、棉花和玉米是依赖灌溉的主要农作物。灌溉用水占总用水量的90%以上。农作物种植面积和人口的空前扩大导致灌溉用水需求迅速增加，并导致河流下游的生态退化。此外，高温会减少冬季积雪并改变积雪或冰川补给盆地春季融雪径流时间，这可能导致夏季灌溉需水量高时放水量减少。因此，水流季节性分布的持续和预期变化可能威胁农业水资源管理。

新疆地下水的埋藏与分布受水文、气象、地形地貌、区域地质构造等因素控制，地下水是水循环的重要环节、生态环境的重要支撑及水资源的重要组成部分。变化环境下地下水位、地下水资源量发生了显著的变化，对供水安全、生态安全带来严重挑战。绿洲地区浅层地下水主要由河水和灌溉水入渗补给，而降水和侧向地下水流是深层地下水的主要来源。同时，绿洲地区对深层地下水的过度开发和灌溉利用可能导致半承压或承压地下水位缓慢下降，从而导致侧向地下水流向浅层地下水的补给逐渐减少。新疆地下水干旱呈现频次低、烈度大、干旱面积广的特征，地下水储量以 0.44 cm/ 年速率下降。1956—2016 年新疆灌溉面积不断扩大，农田灌溉耗水量增大是新疆平原区地下水资源量减少的根本原因。同时，融化的地冰和多年冻土退化引起的土壤水分释放预计会增加地表水的入渗量，从而增强地表水与地下水之间的水利交换。地表水资源量增加，减轻了地下水资源量衰减的幅度。奎屯河流域平原区地下水资源量从 1980—2018 年整体上呈现不稳定的显著增加趋势，短期内继续依照该趋势增加，并具有较强持续性，地下水资源量的增加主要是由于径流量增加，引水量减少，使得河道渗漏补给量增加，进而促使奎屯河流域平原区地下水资源量增加。塔里木盆地北部 4 个源头的沙漠绿洲地下水稳定同位素的空间分布及影响因素及地下水来源，结果表明，由于气候条件和人类活动，整个研究区地表水和地下水同位素普遍向东富集，而每个流域内地表水同位素向上游富集。此外，4 个源头地表水主要来源于降水、地下水和融水，而沙漠绿洲地区的浅层地下水可能来源于侧向地下水流、河流和灌溉水入渗，降水量少，表明绿洲地区的地下水与地表水相互作用频繁。近几十年来，由于人口的增加、灌溉面积的扩大和农业活动的增加，该地区的农业用水需求超过了可用的地表水量，导致开采更多地下水来满足日益增长的农业需求，从而导致地下水过度抽取和地下水补给枯竭。这反过来又导致了塔里木盆地北部沙漠绿洲地区地下水位显著下降、河道截断和脆弱的沙漠生态系统退化，主要原因是农业用水比例过高。

塔里木河流域发现农作物灌溉需水量季节供需不平衡，存在缺水风险。径流与农作物灌溉需水量之间的供需矛盾在春季更为突出，供需不平衡与农作物生长阶段和径流变化的季节性有关，在农作物生长的初始期和关键需水阶段，依靠冰雪融水补给的径流变化不稳定，和田河流域、阿克苏河流域、叶尔羌河流域以及开孔河流域都存在不同程度的季节性缺水。而在河流汛期径流量较大，能够基本满足作物需水，则几乎没有供需矛盾。此外，塔里木河流域存在缺水风险，且缺水风险在 1990—2050 年逐渐增大，径流难以充分满足农作物灌溉需求。塔里木河干流流域土地利用现状不合理、水土资源不平衡、土地开发利用潜力较大以及水资源制约因素等表明，得出发展节水农业势在必行的结论。农田扩张导致灌溉面积增加（从 30 540 km^{2}增加到48 830 km^2，相当于增加了 59.9 %）以支持粮食生产。这导致了用水量的巨大增长，农业用水量增加了 19.5 %（从 2004—2015 年的 4.57 × 10^{10} m^3/ 年到5.46 × 10^{10} m^3/ 年），尽管每单位的用水量为由于灌溉效率的稳步提高（从 2004 年的 40 % 到 2018 年的 80 %），但作物面积同时减少。从 2004—2015 年，地下水抽取量从 5.8 × 10^9 m^3/ 年到 12 × 10^9 m^3/ 年翻了一番。近年来，我们发现农业用水量和地下水抽取量均有所下降。这种下降与粮食产量下降相一致。其他部门的用水量，即工业、生活和生态用水，不到总用水量的 15 %。

历史上的气候变暖加剧了灌溉需求和西北大陆干旱地区的水资源压力。未来的灌溉需求可能会随着气温上升以及预计的更长和更严重的干旱而进一步增加。预测显示，未来 60 年，该地区灌溉用水需求量将增加 4.27 亿～61.5 亿 m^3。农作物种植作为一种严重依赖气候条件的生产活动，在全球变暖的背景下表现出更明显的脆弱性，全球变暖影响着区域农业生产的质与量，如气候变暖缩短了冬小麦物候，气候变化引起的农作物灌溉需水量的增加会对水资源造成压力，从而使得区域水资源不确定性增大。同时，农田扩张增加了蒸发损失，而源自天山冰川融化的地表水或地下水向农作物区域的分水大大加剧了中国西北地区的全区域陆地蓄水下降，威胁水和农业的可持续性。对农业生产增长的持续需求可能会进一步推动未来农田的扩张，这只会加速本已严重的陆地蓄水枯竭，从而加剧了中国西北地区和更广泛的中亚在气候变化背景下日益严重的水资源不安全状况，并高度重视更可持续的灌溉实践以及更好的水资源管理。这就需要调整种植结构，严格控制高耗水作物种植面积。全面节水、合理分水、管住用水是科学利用全疆水资源的第一要务。

降水、气温和潜在蒸散是影响内陆河流域径流变化的主要气候因子。全疆降水少蒸发能力强，气温升高会引起蒸发量进一步增加，从而提升当地的蒸降比，气温持续升高将导致水资源总量逐渐衰减、年内季节性分布不均等问题更加凸显，从而进一步影响区域经济社会发展及生态环境可持续性，威胁经济产业和居民生活取用水的安全。高温和干旱胁迫是作物生产的最重要的潜在危害，夏季变暖会大大增加蒸散量，这可能会增加水资源的压力，气温的升高将增加干旱半干旱地区的蒸散量，从而进一步加剧水资源短缺，同时，气温变暖不仅有助于农作物越冬和作物产量的增加，也有助于害虫越冬，增加虫害风险。例如，基于遥感数据 MODIS 产品，在分析和田绿洲蒸发蒸腾空间格局的基础上，利用 SEBS 模型预测了 6 种情景下灌溉需求的空间格局，发现 2015 年和田市的蒸散量平均值最高，为 901.94 mm/ 年，最低的是和田县，为 854.41 mm/ 年。2021—2040 年和田绿洲的蒸散量呈增加趋势。因此，新疆绿洲农业未来的发展面临着重大挑战。

长期以来，绿洲农业保持传统农业的运作模式，技术状况长期不变，资源掠夺，效益低下。如由于绿洲过度开发所造成的界外区沙漠化问题及由大水漫灌等造成的土壤盐渍化问题，因此，只有对传统农业进行改造，走生态农业的发展道路，才能保持绿洲农业的高效持续发展。绿洲节水系统的组元、变元及结构图示的提出，为绿洲开发和绿洲节水监控奠定了理论基础。

新疆是中国典型的干旱半干旱地区，水资源稀缺。历史上，新疆农田灌溉一直采用大水漫灌、串灌和淹灌的方法。1955 年以后，推广畦灌、沟灌等常规节水灌溉技术，但进展缓慢。1978 年以后，逐步改进灌溉方法和灌水技术，到 1985 年全疆实行小畦灌、小块灌、细流沟灌、沟植沟灌、沟灌和隔沟灌等的灌区面积约 200 万 hm²，占农田灌溉面积的 60 % 左右。自 1990 年以来，灌溉基础设施的改善和节水灌溉技术（例如滴灌或塑料覆盖）的安装导致灌溉效率的提高。2000 年以后，推广先进的喷、滴灌技术，高效节水灌溉面积快速发展，2016 年达到 270.47 万 hm²，占灌溉面积的 54.43 %。先进的喷、滴灌技术比沟、畦灌节水 40 %～70 %。节水灌溉技术的推广，提高了田间水利用系数，减少了田间入渗补给量。

城市和工业用水需求的增加正在减少农业用水，需要采取高效措施来解决这个问题。滴灌技术因其优异的节水效果被广泛应用于干旱地区的农业种植，使用地膜滴灌是节水和提高农田作物产量的最佳方法之一。该技术可以调节土壤温度，降低土壤盐分，提高水分利用效率。自 1970 年新疆引入滴灌，并结合当地使用地膜覆盖，这种联合技术逐渐成熟，现已广泛应用于棉花种植。有研究称滴灌时棉花根系主要分布在土壤上部 0.4 m 处，大部分根系在上部 0.2～0.3 m。新疆生产建设兵团经过对滴灌和喷灌技术的探索和推广，最终决定以地膜下滴灌技术为主，采用这种方式的面积逐年增加。在摩梭湾，自 2000 年开始实施地膜下滴灌。与漫灌相比，地膜下滴灌可以有效减少土壤水分蒸发和整体耗水量，从而提高干旱地区的灌溉用水效率。同时，地膜下滴灌还可以在一定程度上提高作物产量。地膜下长期滴灌可在生长季节起到控制表层 140 cm 土壤盐分的作用。但是，地膜滴灌节水措施的大量使用可能导致干旱区绿洲地下水位下降。近几十年来，河流和灌溉水对浅层地下水的入渗量逐渐减少，这主要是由于干旱绿洲地区运河用水系数的增加和节水灌溉技术的普及。那么就需要在采用滴灌和低压喷灌方式时，因地制宜灌溉，提高渠道防渗标准。通过在新疆增加水分含量和降低土壤盐分的农业实践包括冬季和春季地面灌溉，灌溉量分别为 $3\,000\ \mathrm{m^3/hm^2}$ 和 $1\,500\ \mathrm{m^3/hm^2}$，节水保棉新方法的开发，符合苗期水盐阈值要求（干播后滴灌，建基时覆膜，冬春不灌）。该方法可以提高棉花产量、出苗率、土壤温度和保水性。与传统的冬季和春季灌溉相比，预发芽后的干播和种植可以显著节水。在这些时间灌溉有一定好处，但冬季和春季灌溉也可以提高地下水位，增加深层水渗透，增加土壤盐分。基于 3 年实验并再延长 20 年的数值模拟表明，在生长季节交替使用淡水和半咸水的覆盖式滴灌和收获后使用淡水的泛滥灌溉是一种可持续的灌溉方式，不应导致土壤盐碱化。

提高水分利用效率，抑制次生土壤盐分，是克服干旱、半干旱地区农业发展局限的有效措施。新技术、合适的系统方案和合适的灌溉制度对于实现节水目标至关重要。

1.5 工业用水竞争加剧

工业包括制造业、电力热力燃力生产和供应业、采矿业三大行业。根据行业用水量、行业产值、万元产值用水量、万元产值排污量和产业发展增速

5 个指标，把电力热力生产和供应业、化学原料及化学制品业、黑色金属冶炼及压延加工业、造纸及纸制品业、纺织业、石油加工、炼焦及核燃料加工业划分为高用水行业。新疆生产建设兵团的主要工业行业为食品、纺织、造纸和建材，而纺织、造纸、火力发电和化工是主要的高用水行业。

　　水资源短缺对区域经济和工业园区可持续发展造成客观制约。新疆经济快速增长伴随着水资源的大力开发和过度利用。工业用水量是指企业生产在过程中所使用的各种水量的总和，即企业生产的用水量。根据 2015 年的数据，全国工业用水占全国总用水量的 21.9 %，是除农业（63.1 %）之外最大的用水行业。从供给来看，地表水所占比例逐年降低，但均超过供水总量的 82 %，是主要的供水来源；而地下水供给比例则增加迅速，从 2005 年的 11.5 % 增加到 2010 年的 17.8 %。由于新疆水资源供给存在季节性差别对工业发展极不利；许多工业都均有自备井以维持稳定的生产；随着各地工业的快速发展，地下水的供给占比迅速增加。目前，新疆每万元 GDP 的用水量是全国平均水平的 6 倍，削弱了新疆水资源承载能力。因此，低水平的经济结构导致用水结构严重失衡，进而影响生态环境。

　　工业用水对新疆工业产值作用为 80 % 以上，工业用水与工业产值具有长期稳定的均衡关系。主要工业城市的水资源开发利用程度已接近或超过 100 %，地表水过度引用和地下水超采问题普遍存在。工业用水大量增加挤占农业用水和生态用水而失衡。新疆煤化工用水主要依靠地下水供给。新疆玛纳斯河流域的石河子市、沙湾县、玛纳斯县等 14 个农牧团场中用水结构演变及其驱动力表明，农业用水逐渐下降，工业用水、生活用水逐渐上升。乌鲁木齐市 1986 年对 82 个主要用水企业进行测试，耗水量最大的火电、黑色冶金及新疆化肥厂，取水量分别占全市工业取水量 21.16 %、20.7 % 和 12.75 %。2004 年以来，阿拉尔市工业用水量逐年增加而导致供水能力不足，发展受阻。支柱产业重化工业因高耗水、高污染，影响尤为严重。

　　近年，新疆的产业结构虽然得到不断的优化，但速度远低于产业能源消耗、产业废气废水排放标志的环境污染的增加速度。工业废水排放主要集中在电力、煤气及水生产和供应业、石油加工及炼焦业、食品、烟草加工业、采掘业，这些行业排放的废水占废水排放总量的 50 % 以上。影响再生利用是造成生态环境下降的重要因素。

乌鲁木齐市人口从中华人民共和国成立初 10.5 万人到 1985 年增加到 105 万人，工业产值由 400 多万元上升到 24.11 亿元，相应地城市生活用水及工业用水也迅速增加；根据 2004—2011 年吐鲁番市工业用水量，工业用水呈下降状态（即从 2004 年 0.76 亿 m^3 减少到 2011 年 0.51 亿 m^3），工业水资源利用效率逐渐提高。宝钢集团新疆八一钢铁有限责任公司唯一的生产用水水源地头屯河水库，年供水量 $2\,800 \times 10^4\,m^3$，保障八钢集团工业用水的水量、水质要求。吐鲁番市工业用水、城镇生活用水、农业用水的过度使用，导致该区域地下水位下降，造成了坎儿井的陆续干涸，艾丁湖迅速退化。

　　水资源的合理利用和优化配置是干旱区实现可持续发展的首要前提。工业区和农牧业区要把节水、提高效率放在首位，提高工业用水重复率。适当提高工业用水占比，新疆农业用水占总供水量的 95% 以上，而工业用水占比在 2% 左右，工业需水量等不到满足。加强产业结构调整，淘汰落后产能，更新技术，引进高新技术产业，提高清洁生产水平是未来新疆工业发展方向；大力发展节水产业、节水技术和节水工艺，提高水资源循环利用水平，淘汰高耗水企业和技术，研究循环用水技术措施，从而提高工业用水效率，建立节水型工业体系。强化水资源综合管理，全面提高水资源科学管理水平；采取最严格的水资源管理办法，建立并实施水资源管理 3 条红线制度；一是建立水资源开发利用控制红线，严格实行用水总量控制；二是建立用水效率控制红线，坚决遏制用水浪费；三是建立水功能区限制纳污红线，严格控制入河排污总量。

1.6　总结与展望

　　干旱区是全球气候变暖情况下研究水资源变化问题的热点地区。近几十年来新疆气温显著上升，且未来明显有望继续上升，而降水量过去呈微弱上升趋势，未来可能增加，不确定性较大。气温升高导致积雪和冰川范围减少，并导致融雪径流时间发生变化。由于气候变暖，水循环可能会加剧，未来极端降水事件可能会变得更加频繁。从长远来看，冰川对河流排放的贡献预计将下降。因此，由于人口增加、灌溉面积扩大和经济发展造成的绿洲用水需求增加，水资源的可用性，尤其是山区的水资源，可能会受到威胁，造成严重的生态破坏以及加剧绿洲经济发展的不可持续状态，这也对绿洲水资源以及农业发展产生了巨大的挑战。总体而言，全球变暖加剧了绿洲水资源的脆弱性和不确定性，未来水资源短缺依然是新疆干旱区绿洲的核心问题。

　　未来对新疆干旱区绿洲水资源的研究应更加系统和全面，以维持可持续发展的状态。未来发展重点方向可以概括为以下方面：深入了解气候变化对干旱区绿洲水资源的变化机理及潜在因果；探讨不确定性下，如何适应风险的潜在方法，绿洲水资源利用如何适应干旱区自然变化带来的不利影响；构建合理的水资源配置及提高水分利用效率，为绿洲经济实现可持续发展奠定坚实基础；识别绿洲不同用水供水之间的不同影响，探索评价体系和方法，为气候变化下新疆干旱区绿洲经济社会可持续发展提供科学基础和技术支撑。

2

艾比湖流域生态环境
基本特征

2.1 艾比湖流域作为干旱区生态环境变化研究的代表性

艾比湖流域位于新疆西北部，地处欧亚大陆腹地，西、北、南三面环山，中间是喇叭状的谷地平原。夏季炎热，冬季寒冷，属北温带大陆性干旱气候。光照充足，年温差大。博尔塔拉河发源于温泉县，横贯博乐市，流经精河县，注入艾比湖，它与其他众多支流、沟溪、泉水形成艾比湖流域较丰富的灌溉水源。整个流域面积 $5.06 \times 10^4\ km^2$，其中山地 $2.43 \times 10^4\ km^2$、平原 $2.58 \times 10^4\ km^2$、湖泊 $5 \times 10^3\ km^2$。包括博尔塔拉蒙古自治州的精河流域、博尔塔拉河流域和伊犁哈萨克自治州奎屯河流域的全境。该流域具有优越的地理位置，丰富的水土资源，为其开发提供了优越的条件。但目前，由于人口的快速增长、粗放的农牧业生产方式、资源的不合理开发利用，导致艾比湖流域水少林退沙进，风沙频率之高，沙丘移动之快，波及范围之广，降尘量之多，危害程度之重，十分惊人。艾比湖流域生态环境恶化趋势，直接威胁该流域社会经济的可持续发展，对其生态环境进行综合治理刻不容缓。因此，今后如何合理地利用水土资源、如何转变原有粗放的农牧生产方式、如何阻止风沙的灾害，是一项长期的急需解决的关键问题。解决这些问题首先要了解艾比湖流域最基本的生态环境空间分异特征，特别是对自然环境条件，包括地形、水文、地质、植被、土壤等因素空间分异特征的研究，是研究该问题的出发点，也是根本。

2.2 艾比湖流域生态环境空间分异特征

全球范围的自然地理环境是一个整体，但是它的各个部分又存在着地域上的分异。换言之，自然地理环境除了具有整体性外，与之相对应的是地域性，即地域分异规律。所谓地域分异是指自然地理环境各组成要素或自然综合体沿地表按确定的方向有规律地发生分化所引起的差异。支配这种分化现象的客观规律也就称为地域分异规律，它包括地带性规律和非地带性规律，生命因素（包括人）的演化规律和时间尺度的变化。地带性规律包括纬向地带性、经向地带性和垂直地带性。非地带性规律是自然景观的一种隐域性分布规律，它是受隐域性因子（如地下水、岩性、特殊的地表组成物质等）控制，在地理分布上具有地方性特点，可以呈带状或斑状分布。分布区间不一定有严格的顺序。非地带性因素包括地质构造、岩性、地貌单元坡度、坡向、山脉走向和地下水等。它们也可以影响气候、生物和土壤的类型和分布。

2.2.1　地质与地貌空间分异特征

地质构成对生态环境的影响是长期性的和基础性的。地质构成运动通过改变或影响地表物质和能量分配，奠定了地理过程发生的空间基本格局，特别是对气候形成、大气环流变化、水系的发育、生物多样性等产生重大影响。地表的起伏，影响着地表物质的侵蚀、搬运、堆积等过程和速度。一般而言，地表起伏变化大，地表物质的搬运、堆积的潜在速度加大，水土流失等侵蚀现象、湖床淤积的潜在威胁也就增大。艾比湖流域属北天山地槽褶皱带的一部分，地质构造线的发育方向因受纬向构造控制，均为东西向。由于构造运动使得艾比湖流域地貌类型土地可分为 3 个地貌单元，10 种地貌类型。3 个地貌单元为：山地、谷地、盆地。山地总面积 $1.15 \times 10^4\ \text{km}^2$，占艾比湖流域国土总面积的 46 %。北部是阿拉套山和玛依拉山，两山间夹着阿拉山口；南部、西部为天山的复合式山脉，从西向东依次为空郭罗鄂博山、别珍套山、莫逊山、查干乌拉山、呼苏木奇山、科古尔琴山和婆罗科努山等。山体均呈东西走向，海拔一般为 2 000～4 000 m。谷地面积 $0.44 \times 10^4\ \text{km}^2$，占国土总面积的 17 %。博尔塔拉河谷地、呼苏木奇谷地、四台谷地、米里其格谷地。盆地面积 $0.92 \times 10^4\ \text{km}^2$，占国土总面积的 37 %。主要由山前洪积平原、冲积-洪积平原及湖积平原组成。海拔最高点 1 300 m，位于盆地南端。盆地北端的艾比湖海拔 189 m，是准噶尔盆地西南部的汇水中心，是湖盆的最低点。面积约 $0.78 \times 10^4\ \text{km}^2$，占盆地面积的 0.2 %。10 种地貌类型为：褶皱断块山、块状隆起山、山前丘陵、冰水台地、山前洪积平原、坡积-洪积平原、冲积-洪积平原、冲积平原、积平原、风成地貌。地貌类型的复杂多样，直接影响着艾比湖流域气候的空间分异。

2.2.2 气候空间分异特征

艾比湖流域地域东西较长，南北较窄，属北温带大陆性干旱气候。对艾比湖流域各地近30年气候资料整编，得出以下气候空间分异规律：由于地形和地理位置不同，各地气候有较大差异。该流域从西到东随海拔高度的降低，年平均气温、年平均积温、无霜期天数、年平均大风日数逐渐变小；而平均年降水量逐渐升高。艾比湖流域气温随纬度变化较小，南北之间差异不大。由于地势是西高东低，因而年平均气温由东向西逐渐降低。海拔高度每上升100 m，年平均气温下降0.3~0.4 ℃。年平均气温达6 ℃。以阿拉山口地区为最高，年平均气温达6.3 ℃；精河城镇附近年平均气温为7.8 ℃；到海拔500 m左右的博乐。年平均气温为1.1 ℃；温泉地区年平均气温为3.9 ℃（表2.1）。上述分布规律以夏季明显，春季、秋季逐渐减弱；进入冬季这个规律消失，出现随海拔高度升高气温上升的现象。艾比湖流域年降水量为90~500 mm，总的趋势是西部高于东部，山区高于平原，阴坡多于阳坡。向西随海拔高度的升高，年降水量逐渐增多（表2.1）。阿拉山口及艾比湖沿岸年降水量在100 mm左右，向西随海拔高度的升高，年降水量逐渐增多，至海拔高度500 mm的博乐，年降水量增加到190 mm左右；海拔1 300 m的温泉，年降水量增加到200 mm左右。无霜期是由东向西逐渐缩短，农区每年195~145 d，东西部相差约50 d，年际变化为40~60 d。无霜期平均终日东西部差异和年际变化较大（表2.1）。各地年平均风速为1.5~6 m/s。以阿拉山口、艾比湖沿岸最大，年平均8级以上的大风日165 d，5—7月最多；其次是温泉、博乐、山区。

表 2.1　艾比湖流域各地近 30 年平均气候变化规律

站名	年平均气温 /℃	年平均降水量 /mm	年平均积温 /10 ℃	无霜期 /d	年平均风速 /（m/s）	年平均大风日数 /d
温泉	3.9	231.7	2 266.4	154	2	24.9
博乐	6.3	178.6	3 261.3	178	1.5	2.1
精河	7.8	102	3 693.5	189	1.6	19.8
阿拉山口	8.9	103.1	4 095.8	202	5.9	158.6

气候条件的差异的这种分异现象直接决定了艾比湖流域植被生态和动物
种群的空间地带性差异，也造成艾比湖盆地生态环境极度脆弱。

2.2.3　植被空间分异特征

随着海拔、气候的不同，艾比湖流域植物生长具有经向分布规律和垂直
分布规律。

2.2.3.1　经向空间分布特征

经向空间分布特征：从山地向平原沿河流方向，由于气候梯度分异，植
被生态随之出现相应变化，山地以草原和草甸植被为主；从山麓至山前洪积
扇上缘，由干草原过渡到荒漠草原景观，主要以蒿属植物过渡到荒漠植被、
盐化荒漠植被、沙生植被。到平原区和低山丘陵区以荒漠、半荒漠植被为主。
在博尔塔拉河、精河等河流河漫滩上，出现以杨柳、榆树及沙棘灌丛等为主
要植物类型的林灌草甸植被，伴生有黄蒿、铃铛刺、芨芨草、芦苇、苦豆子
等。在博尔塔拉河、精河、大河沿子河下游冲积平原及各较大洪积扇扇缘带，
主要以芨芨草、芦苇为主的草甸植被。在各扇缘泉水溢出带和河漫滩上的槽
形、碟形及洼地中，主要以芦苇、香蒲、香梭草、车前草等为主的沼泽植被
为主。

2.2.3.2　垂直地带性空间分布特征

垂直地带性空间分布特征：植被分布的这种垂直带谱，是气候条件分异
的直接结果，各山地均未见完整的植被垂直带。随海拔高度由低到高，依次
分布山地草原带、山地荒漠带、半荒漠带、干草原带、山地草甸、亚高山草
甸及高山冰雪带。

2.2.4　土壤环境的空间分布特征

艾比湖流域土壤空间分布呈现经向地带性、垂直地带性规律。经向地带
性分布规律在平原区明显。土壤类型、土壤养分、含盐量及土粒结构与发育
厚度等几方面予以表现。土壤类型具有平原区沿水系经向地带性、山地垂直
地带性。平原区，土壤类型由东到西出现灰棕漠土-灰漠土-棕钙土-栗钙土的
规律，其中随人工灌耕及水盐条件等因素，非地带性分布有盐化草甸土、盐
化沼泽土、盐土、风沙土、灌耕土、潮土、灌耕草甸土、盐化草甸土；山区

随海拔高度的变化，土壤类型由低到高出现暗栗钙土-黑钙土-亚高山草甸土-高山草甸土。不同土壤类型受流域气候与水盐运移规律的影响，其含盐量，有机质及其土壤发育层厚度等也随之出现空间分异现象（表2.2，表2.3）。土壤环境的分异，即气候、植被及水资源等因素。

表 2.2　山地不同土壤类型性质对比

土壤类型	灌耕土	灰棕漠土	灰漠土	沼泽土	潮土	盐土	风沙土
有机质 /%	1.4 ～ 2.3	0.52 ～ 0.89	1.5 ～ 2.5	4 ～ 20	1.5 ～ 2.5	0.63 ～ 1.08	0.13 ～ 0.3
全氮 /%	0.03 ～ 0.089	0.043 ～ 0.057	0.045 ～ 0.061	—	—	0.43 ～ 0.059	0.005 ～ 0.014
pH 值	8.3 ～ 8.7	8.3 ～ 8.5	8.2 ～ 8.7			7.7 ～ 9.3	—
盐化表现	局部次生盐渍化	中深部盐渍化	深部盐渍化	多有不同程度的盐渍化	部分有轻度盐渍化	表浅部盐渍化	—

表 2.3　平原区不同土壤类型性质对比

土壤类型	草甸土	黑钙土	栗钙土
有机质 /%	12.2 ～ 9.3	8.32 ～ 4.47	1.67 ～ 5.34
全氮 /%	0.309 ～ 1.315	0.58 ～ 0.409	0.11 ～ 0.24
pH 值	7.4 ～ 8.5	7.1 ～ 8.2	8.2 ～ 9.1
盐化表现	—	—	中深部盐渍化
海拔高度 /m	3 200 ～ 4 300	2 600 ～ 3 400	2 600 ～ 3 000

在空间异化的共同作用下的结果，反过来对各区域生态功能起决定作用，直接影响流域农业综合区划和经济发展规划。从表2.2和表2.3可知，该流域植被较发育的山地草甸土、黑钙土，土壤环境最好，发育干草原的栗钙土、灰钙土次之，较差的为灰漠土、灰棕漠土。艾比湖流域平原区典型的地带性土壤为灰漠土和灰棕漠土，隐域性土壤为盐土（盐渍化土）、草甸土和沼泽土。其植物区系受中亚和蒙古植物区系的影响，植被过渡性质明显。风沙土

是艾比湖盆地分布范围最广、面积最大的土壤类型，发育在湖积平原、冲积-湖积平原及湖滨三角洲。

2.2.5 地表水与地下水化学性质空间分异特征

2.2.5.1 地表水化学性质空间分异特征

流入艾比湖的地表水化学具有明显的垂直分布规律。各主要河流矿化度、总硬度，随河流高程的降低、长度的增加而升高（表 2.4）。如博尔塔拉河，在河源附近矿化度不到 100 mg/L，温泉水文站为 142 mg/L，博乐水文站为 299 mg/L，到博尔塔拉河河口处的九〇团四连大桥，其矿化度上升到 1 380 mg/L。精河、大河沿子河也都有这一规律。河流矿化度的地带性分布规律明显。艾比湖流域河流由西向东或由南向北汇入艾比湖。河流矿化度在地区上的分布规律是由西向东、由南向北增加，高值区集中在艾比湖低地。

表 2.4 艾比湖流域主要河流矿化度、水化学类型的垂直变化规律

河名	站名	测站以上河长 /km	测站高程 /m	矿化度 /（mg/L）	总硬度（以 CaO 计）/（mg/L）	水化学类型（阿列金分类）
博尔塔拉河	温泉	97	1 310	142	41.8	Cn^{Ca}
博尔塔拉河	博乐	184	510	299	91.1	Cn^{Ca}
博尔塔拉河	4 连大桥	252	200	1 380	327	Sn^{Na}
呼苏木奇河（大河沿子河上游）	三台	68	880	274	94	Cn^{Ca}
大河沿子河	沙尔托海	90	370	302	98.7	Cn^{Ca}
精河	精河山口	80	620	165	52.6	Cn^{Ca}
精河	养殖连大桥	114	200	498	124	Sn^{Na}

注：统计资料为 1986—1990 年；资料来源于博乐水文水资源勘测大队。

2.2.5.2 地下水矿化度的空间分异特征

地下水主要是裂隙水和孔隙水。裂隙水存在于山区基岩分布区，孔隙水分布在平原区。山前倾斜平原因地质为砂砾石，渗透性强，水质好，矿化度一般小于 0.5 g/L。水化学类型以 HCO-Ca 型为主。洪积-湖积平原地质由粗变

细，是潜水和承压水的主要分布区，水质良好，矿化度一般为 0.5～1 g/L。艾比湖盆地含水层坡度变小，砂砾变细，地下水排泄不畅，水位升高，蒸发强烈。潜水矿化度逐渐由洪积-湖积平原的 1～10 g/L 增至湖滨的 10～50 g/L，高者为 100～300 g/L，但承压水水质良好。

3

艾比湖流域水环境特征

3.1 艾比湖流域河湖环境特征

3.1.1 水文特征分析

艾比湖是新疆第二大湖泊，也是新疆最大的咸水湖。流域西、南、北三面环山，西部是别珍套山、阿拉套山，南部是科古琴山、婆罗科努山，北部是准西山地；中间为谷地平原；东部有尾闾艾比湖。全流域面积 56 021 km²，是一个具有典型干旱区山地-绿洲-荒漠生态环境特点的区域，其中山地 24 317 km²，平原 25 762 km²，湖泊为 542 km²。西北的阿拉山口是著名的风口，平均每年超过 8 级大风约 164 d，最大风速达 55 m/s。湖区多年平均降水不足 100 mm，而山区降水相对较多，是湖区的主要水源补给区。湖泊水面蒸发量大于 1 300 mm，湖水矿化度 97～117 g/L，pH 值 8.44，属于典型的内陆盐湖。近 40 年来，人类大规模的垦荒活动，尤其是河流中上游区灌溉引水大幅度增加，导致了入湖水量减少，艾比湖不断涸缩使本来就非常脆弱的湖泊周围生态环境日益恶化，成为新疆继塔里木河流域之后的第二大生态退化区。20 世纪 60 年代，有 23 条河流水量流入艾比湖，其中年径流大于 1 亿 m³ 的有奎屯河、四棵树河、古尔图河、精河、阿恰勒河、大河沿子河、博尔塔拉河等 7 条主要河流；20 世纪 70 年代至今仅有博尔塔拉河、精河 2 条河流的水量流入艾比湖，其他入湖的河流都已断流。博尔塔拉河和精河多年平均年径流量约 5.4 亿 m³，年入湖约在 5.8 亿 m³。博尔塔拉河主要发源于别珍套山和阿拉套山汇合处的洪别林达坂，流域面积约 11 367 km²，全长 252 km，河网密度 0.176，河道平均坡降 1 ‰～8.3 ‰，东西流向，南岸有鄂托克赛尔河、大河沿子河，北岸有哈拉吐鲁克河汇入，流经温泉县、博乐市注入艾比湖。精河主要发源于婆罗科努山北坡，流域面积 2 150 km²。河网密度 0.091，坡降为 258.3 ‰，全长 114 km，由南而北注入艾比湖，精河山口站多年平均径流量为 4.71 亿 m³。博尔塔拉河和精河的存在对新疆艾比湖流域社会经济和生态平衡都起着无法代替的重大作用。艾比湖流域水系见图 3.1。

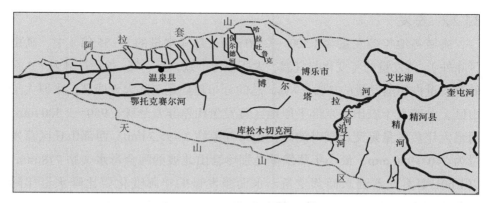

图 3.1　新疆艾比湖流域水系示意图

3.1.2　流域气温与蒸发

3.1.2.1　气温

　　流域东西较长，南北较窄。气温随纬度变化较小，南北之间差异不大。由于地势是西高东低，因而气温由西向东随着海拔高度的降低逐渐升高（表 3.1）。流域年平均气温 6 ℃左右，其中阿拉山口 8.3 ℃，精河 7.2 ℃，塔斯尔海 6.6 ℃，博乐 5.5 ℃，博格达尔 3.6 ℃。流域气温日、年差异较大，夏季炎热、冬季寒冷，春季气温回升快且不稳定，秋季降温迅速。在这种气温条件下，东部地区适宜棉花、枸杞、水稻等喜温作物；西部地区适宜小麦、油料、甜菜等作物，有利于畜牧业发展。

表 3.1　流域各站气温情况

站名	年平均气温 /℃	极端最高气温 /℃	极端最低气温 /℃	资料年限
阿拉山口	8.3	44.2	-33	1965—1992
精河	7.2	41.3	-36.4	1965—1992
塔斯尔海	6.6	42.6	-35	1965—1992
博乐	5.5	39.5	-36.2	1965—1992
博格达尔	3.6	35.7	-32.1	1965—1992

3.1.2.2　蒸发

流域各地年蒸发量为 1 500～3 500 mm，是降水量的 7～35 倍（中、高山区除外）。蒸发量的年变化与气温、太阳辐射一致，呈一峰一谷型，4 月、5 月的蒸发量占年蒸发量的 7 %～9 %，总的分布趋势是东部大于西部，平原大于山区，戈壁大于农田。东部平原地区蒸发量相差非常悬殊，950～2 500 mm，而最大年蒸发量是艾比湖畔的阿拉山口气象站 2 495.3 mm。西部山丘区蒸发量为 770～950 mm，最小年蒸发量是别珍套山北坡的阿合奇水文站 778 mm。以 E601 型蒸发器测水面蒸发量，水面蒸发量的年际变化要比降水量年际变化小得多，各站的历年最大年蒸发量与最小年蒸发量之比相差不大，如温泉站为 1.51，博尔塔拉站为 1.36，精河站为 1.47。流域夏季水面蒸发量大；冬季水面蒸发量小。从选用站资料统计来看，冬半年（10—3 月）蒸发量占年蒸发量的 12.2 %～13.3 %，而夏半年（4—9 月）蒸发量占年蒸发量的 86.7 %～87.8 %。最大月一般多出现在 6—7 月，个别年份出现在 8 月，而最小月一般多出现在 12 月至翌年 1 月（表 3.2）。

表 3.2　流域各站蒸发情况

站名	年蒸发量/ mm	夏半年（4—9 月）		冬半年 （10 月至翌年 3 月）		最大月 出现时间	最小月 出现时间
		蒸发量/ mm	占年 蒸发量/%	蒸发量/ mm	占年 蒸发量/%		
温泉	939.6	821.8	87.5	117.8	12.5	6—8 月	12 月至 翌年 1 月
博尔塔拉	950.6	835.1	87.8	115.5	12.2	6—7 月	1 月
阿合奇	778.2	674.5	86.7	103.7	13.3	7 月	12 月
三台	1 032.5	905.1	87.7	127.4	12.3	7 月	12 月
塔斯海	1 234	1 079.3	87.5	154.7	12.5	6—8 月	12 月至 翌年 1 月
阿拉山口	2 495.3	2 182.9	87.5	312.4	12.5	6—7 月	12 月至 翌年 1 月
精河	976.5	856.2	87.8	120.3	12.2	6—7 月	12 月至 翌年 1 月

3.1.3　流域降水与冰川

3.1.3.1　降水

流域降水的水分主要来自大西洋和北冰洋的水汽，降水总的趋势是西部高于东部，山区多于平原，阴坡多于阳坡。各地年降水量为 90～500 mm。年降水量向西随海拔高度的升高逐渐增多。如阿拉山口及艾比湖沿岸年降水量在 100 mm 左右，海拔高度 500 m 左右的博乐，年降水量增加到 190 mm 左右；海拔 1 300 m 的安格里格，年降水量增加到 200 mm 左右。流域年降水量年际变化大，历年各月降水量最大值与最小值相差可达数 10 倍，年降水量最大值与最小值相差也在 3 倍以上，最高可达 6 倍。这种年际间的差异东部大于西部。另外，流域各地年降水量相对变率平均在 18 %～26 %，最大为44 %～102 %。各地降水的可靠程度小，尤其是艾比湖盆地就更小。根据气象站资料分析，降水量的季节变化表现为各站春季、夏季的降水量合计占年降水量的 70 % 以上，而秋季、冬季最大不超过 30 %。最大降水月多出现在 6月，也有出现在 5 月、7 月的，其降水量占年降水量的 17 %～30 %；最小降水月份出现在 2 月，降水量极少。

3.1.3.2　冰川

流域各主要河流源头或多或少都有现代冰川分布，大部分河流为冰川、积雪融水和雨水混合补给。根据中国科学院兰州冰川冻土研究所统计，艾比湖流域大小冰川 460 条，冰川面积 301.84 km^2，冰川总储量 15.354 6 km^3，冰川面积和储量分别是新疆冰川的 1.3 % 和 0.007 %。流域的调节能力主要是冰川对径流的调节作用和流域地下水库对径流的调节作用。如精河冰川面积约96.2 km^2，冰结系数为 6.4 %，冰川融水补给河川年径流量约 0.96 亿 m^3，占河川径流量 20.6 %；博尔塔拉河冰川面积 110.28 km^2，冰结系数 2.7 %，冰川年融水量 1.05 亿 m^3，占河川径流量的 21.4 %（表 3.3）。

表 3.3　流域各主要河流冰川面积与储量情况

河名	冰川数量/条	冰川面积/km^2	冰川总储量/亿 m^3	冰川年融水量/亿 m^3	占河川径流量/%
博尔塔拉河	167	110.28	54.509	1.05	21.4
精河	129	96.2	54.598	0.96	20.6

3.1.4 流域河流径流

流域的河流径流主要以降雨和冰雪混合补给、季节性积雪融水补给、地下水补给为主的 3 种补给方式。流域多年平均径流量为 23.53 亿 m³，平均径流深 0.2 mm，高于全疆年平均径流深 48.1 mm 的 1 倍。流域各河流年径流变差系数 Cv 值一般为 0.11~0.31，由于年际变幅较小。即使出现连丰、连枯年期，也不至于造成严重的旱涝灾害。这对发展灌溉农业是十分有利的。

流域内各主要河流径流的年内分配不均，河流径流在一年中都集中在夏季，连续最大 4 个月径流量发生在 6—9 月，特别是 7 月径流量最大，2 月径流量最小。如天山北坡的精河、托托河、阿拉套山的哈拉吐鲁克河和别珍套山的鄂托克赛尔河主要以降雨和冰雪混合补给为主，河流春汛不明显，夏水比较集中，径流连续最大 4 个月发生在 6—9 月，占年径流量的 70 %～80 %（表 3.4）。

表 3.4　流域各主要河流径流变化

河名	站名	资料年限	集水面积/km²	径流量/亿 m³	径流深/mm	变差系数/Cv	最大月	最小月	连续4个月最大时间	百分率/%
博尔塔拉河	温泉	1965—1992	2 206	3.31	150	0.14	7月17%	2月6.3%	6—9月	47.3
鄂托克赛尔河	阿合奇	1965—1992	938	1.43	153	0.15	7月27.8%	2月1.9%	6—9月	76.2
呼苏木奇河	三台	1965—1992	1 103	1.1	100	0.31	5月13.3%	2月5.2%	5—8月	49
精河	精河山口	1965—1992	628	1.36	216	0.12	7月24.9%	2月1.9%	6—9月	73.6
哈日图热格河	渠首	1965—1992	1 419	4.73	333	—	7月36.6%	2月1.5%	6—9月	80.5
阿恰勒河	阿卡尔	1965—1992	628	1.36	216	0.11	7月15.5%	2月4.2%	6—9月	51.9

3.1.5　河流泥沙、洪枯水、冰情

3.1.5.1　泥沙

艾比湖流域各河流悬移质泥沙含沙量、输沙量与径流量相对应，河流径流量大，含沙量、输沙量也大。流域各河流含沙量、输沙量都不大，年平均含沙量在 0.3～1 kg/m³，精河山区含沙量最大，多年平均含沙量为 0.85 km²；多年平均输沙量为 5 万～40 万 t，精河输沙量最大，其多年平均输沙量达 39.6 万 t。流域各河流中精河流域侵蚀最为严重，输沙模数高达 279 t/km²。流域河流悬移质泥沙年内分配极不均匀，输沙量高度集中在夏季，连续最大 4 个月输沙量出现在夏季 5—8 月，其输沙量占年输沙量的 96 % 以上，最高达 98.6 %。最大月平均含沙量、输沙量均出现在 7 月。最小月平均含沙量、输沙量出现在 1 月或 12 月。流域诸河最大月平均输沙量占年输沙量的 40 %～70 %。最大月平均含沙量、输沙量为最小月平均含沙量、输沙量的几百倍，甚至上千倍。流域各河流分布情况（表 3.5）。

表 3.5　主要河流泥沙特征值

河名	站名	流域面积 / km²	多年平均输沙量 / 万 t	实测最大年输沙量 / 万 t	多年平均输沙模数 / (t/km²)	多年平均含沙量 / (kg/m³)	连续最大 4 个月输沙量		最大月输沙量占年输沙量 / %
							出现月份	月份量 /%	
博尔塔拉河	温泉	2 206	21.2	37.4	96	0.65	5—8 月	98.1	55.7
乌尔达克赛河	阿合其	938	5.82	25.6	62	0.39	5—8 月	98.6	67
精河	精河山口	1 419	39.6	85.6	279	0.85	5—8 月	96.8	44.1

3.1.5.2　洪枯水

艾比湖流域河流的洪水主要为形成于中山带的季节性积雪融水型洪水和形成于低山带的暴雨型洪水，以及二者的混合洪水。6—8 月是艾比湖流域各河洪水的多发季节，冰雪融水与暴雨叠加的洪水在流程短、坡度大的河槽里

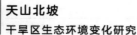
极易漫溢成灾，特别是当冰雹与暴雨同时发生时，灾情更为严重。

艾比湖流域各主要河流的枯水流量受径流补给来源、集水面积2个因素影响最为明显。河流的枯水期一般都发生在地表径流中断，而变为由地下水补给的时期。鄂托克赛尔河的枯水期为10月至翌年4月，精河的枯水期为11月至翌年4月，库苏木且克河仅有2月为枯水期，而博尔塔拉河却无明显的枯水期。各时段枯水流量的年际变化比较稳定。

3.1.5.3 冰情

流域境内河流冬季主要靠地下水补给，冬季河流水量小而稳定，11月至翌年3月水量占全年河流水量的30%。由于地下水补给水温较高，河道坡降较大，冬季河道多产生岸冰及冰盖，流冰量较少，不易产生冰塞和冰坝现象。因此，对流域境内河流的冬季水文情势无大影响。根据资料，流域河流冬季未发生过因冰坝、冰塞引起的突发性洪水灾害。

3.1.6 水质

流域各河流由西向东或由南向北汇入艾比湖。河流矿化度在地区上的分布规律是由西向东、由南向北增加，高值区集中在艾比湖低地。艾比湖水质变化的过程是一个由淡到咸的过程，是不断矿化的过程。由于艾比湖在干旱多风的气候条件下，湖水不断强烈浓缩矿化度高达136 g/L。湖水化学类型阴离子以氯化物为主，阳离子以钠离子为主。流域河流天然水质具有明显的垂直地带性分布规律，河流矿化度、总硬度等天然水化学成分随河流高程的降低，河流长度的增加而明显地增加。如博尔塔拉河在河源附近矿化度不到100 mg/L，博乐站为299 mg/L，到了汇入艾比湖河口附近（新疆生产建设兵团九○团四连大桥断面）矿化度上升到1 380 mg/L。由于夏季水量集中，流域各主要河流夏季矿化度平均值远高于春季、冬季。

3.1.7 艾比湖面积与水量

2004年，课题组应用MODIS卫星数据监测艾比湖水域面积的4—10月的变化规律。解译结果表明，2004年的7—10月为艾比湖的枯水期，5月以后，艾比湖水位逐渐下降，10月艾比湖面积出现最小值788 km²。枯水期之所以出现在7—10月是因为夏季强烈的蒸发作用和农田用水使艾比湖原本较浅的水位下降，面积缩减。而冬半年（11月至翌年4月）为艾比湖的丰水期。其中1月至翌年2月为艾比湖的封冻期。翌年3月以后艾比湖水位逐渐上升，湖面面积于4—5月达当年最大值987 km²，因为进入冬季之后，农田用水停止，蒸发作用减弱，再加上降雪融水的补给，所以面积为一年中最大。

艾比湖流域是一个封闭性的流域，来水量包括湖面降水量、地表水入湖量、地下水的入湖补给量3个部分；耗水量主要是艾比湖水面蒸发量。据博乐市水文水资源勘测大队观测报道，1989—2002年，多年平均年入湖量为6亿m³，湖面降水量为0.76亿m³，地下水的入湖补给量为0.99亿m³，湖泊水面蒸发量为6.8亿m³。20世纪80—90年代以来入湖径流增加，湖面总体扩展，主要是博河的特殊性和流域径流调节功能低，使入湖补给水量相对稳定。博河谷地有3个断陷盆地形成3个天然地下水库的调节，改变了径流年内分配的集中期，地表水经3次潜流和转化滞后半年多时间露出地表，有4亿m³成为冬闲水，注入艾比湖。境内河流径流年内分配不平衡，夏季丰水期有2亿m³补给艾比湖。这2个因素使入湖补给量稳定在6亿m³左右，地下水补给稳定在1亿m³。

3.1.8 艾比湖湖泊水位变化特征及原因分析

湖泊水位的年内变化主要取决于进出湖泊水量的变化，多数地区的湖泊一年中最高水位常出现在多雨的7—9月，冰雪融水补给量较大的湖泊，夏季水位稍有上升；最低水位常出现在少雨的冬春季节。艾比湖水位年际变化大，年内变化较为明显。一年中3—4月水位最高，7月至翌年1月水位最低。其主要原因是3—4月湖滨地区有积雪融水入湖，冬季气温低，蒸发量少，因此，此时期湖水位最高；4月以后，由于农业大量用水，使入湖水量开始减少，加上夏季气温高，蒸发强烈，使湖水位逐渐下降；进入10月以后，农业用水开始明显减少，入湖水量又开始增大。由图3.2可知，艾比湖水位呈现明显的降低趋势，8—9月水位较低，9月底开始有回升趋势，但是增幅不大，其线性趋势的倾向率为-0.003 7 m/d，水位从1.16 m降到最低0.55 m，说明在6—10月，艾比湖水位变化较大且水位相对较低。

自然湖泊的水位变动主要受制于其流域面积、降水以及地形、地势等自然条件的影响。近年来，由于人类活动的剧烈扰动，湖泊水位变动受人类活动的影响越来越大。艾比湖水位变化主要是受气候与人类活动的影响较为显著。艾比湖气候极端干旱，降水稀少，年蒸发量大，因而气候演变导致了艾比湖湖面呈现出缓慢干缩。此外，艾比湖为典型的浅水湖，其水位变化直观地表现为湖面面积的变化，1972—2011 年，艾比湖湖泊面积缩小了115.03 km²。近些年来，艾比湖湖泊的退化越来越明显，而且退化程度越来越剧烈。艾比湖湖面急剧退缩，主要因素是人口剧增和大规模水土开发，入湖水量急剧减少。1980 年艾比湖流域人口为 1949 年的 9.4 倍，耕地面积扩大了8.9 倍，引水量增加了 7.1 倍，使入湖地表水量由 30 亿 m³ 下降到 7 亿 m³ 左右。由于人类活动的影响，艾比湖流域的奎屯河、四棵树河、古尔图河被拦截断流，精河、博尔塔拉河入湖水量剧减，注入艾比湖的水量减少，因而水位下降。综合分析表明，气候变化对艾比湖水位的影响远远小于人类活动对艾比湖水位变化的影响。所以，人类活动耗水量的急速增加是造成艾比湖水位下降的主要原因。

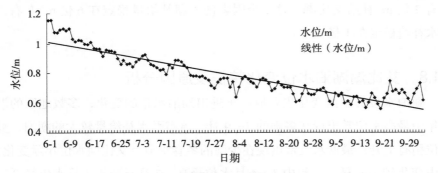

图 3.2　艾比湖湖水水位季节变化特征

3.1.9　问题与建议

艾比湖流域河流径流量的年内分配相对均匀，年际变幅也不大，比较有利于灌溉农业生产。但博河流域存在上游春季缺水，下游存在夏季缺水，精河流域存在严重的春季缺水。博河、精河流域季节性缺水导致河流的丰水期时，部分水量没有被充分利用。致使每年 5—6 月，流域农业灌溉缺水现象比较严重。

由于人类社会经济发展，流域水资源开发规模的不断扩大，导致艾比湖入湖水量锐减，致使艾比湖水面面积快速干缩。目前，博河、精河流域是艾比湖仅有的入湖水量，使得博河、精河流域水资源总量匮乏，造成流域内资源性缺水。

建议加大艾比湖流域水利设施资金投入，大力开发建设山区水库和下游反调水库，增加调蓄工程数量和规模。有必要实行跨流域调水。在流域内全面开展节水型建设，实施水资源的优化配置，彻底解决流域内资源性缺水、季节性缺水、生态需水与经济需水矛盾等问题。

植被的景观格局反映了植被空间分布及其在环境异质性和干扰状况综合控制下的动态变化特征，其类型组成、配置及其利用是否合理，与区域水土流失控制、生态环境和生物多样性保护以及可持续发展密切相关，对区域生态系统功能和环量具有重要的影响。植被覆盖度指单位面积内植被的垂直投影面积所占百分比，它不仅是衡量生态环境状况的重要指标，也是许多土壤侵蚀模型中所需的重要参数。有效提取地表植被覆盖度及其变化信息，可以了解一定尺度范围内植被的生长和分布状况，研究植被覆盖的演变过程，是评价区域生态环境的主要指标。早期植被覆盖度信息的提取，大多是参照地面样方来估算植被覆盖度，该方法需投入很大的人力，且时效性低、精度差。随着地理信息技术的发展，RS 和 GIS 技术得到广泛的应用，遥感技术也被应用于植被监测及其变化研究。孙红雨等（1998）通过 NOAA/AVHRR 数据生成 NDVI 指数，与地理数据数字影像结合，对植被综合分类以及景观生态质量进行深入研究。丁建丽等（2002）以策勒县作为研究区，研究了基于 NDVI 的荒漠绿洲植被生态景观格局变化。王宏等（2008）研究了中国北方温带草原植被盖度变化，利用基于遥感数据和降水量的线性分解模型来估测不同植被类型盖度。关于艾比湖流域的景观变化的研究，多集中在对 LUCC 的研究上，如谢霞等（2010）研究了基于 RS 和 GIS 的艾比湖区域景观格局动态变化，而对流域内植被覆盖变化的研究则较少。本研究选取 1990 年、2001 年和 2011 年 3 个时段同期的 TM 遥感影像，采用归一化植被指数，并结合 ArcGIS 9.3 和 Fragstas 3.3 对该流域植被景观的变化进行了分析研究。探讨该流域植被变化和空间分布的特点以及变化的因素，为该地区生态环境的保护和恢复提供科学的参考依据。

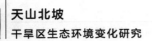
3.2 研究区概况

艾比湖是新疆第一大咸水湖（82°36′～82°50′ E，44°30′～45°09′ N），位于精河县北部，东部与古尔特沙漠相连，北临托里县，西北与哈萨克斯坦共和国相连，地处大陆腹地，属于典型的温带大陆性气候，气温年较差大，夏季降水稀少，冬季异常干燥、寒冷。艾比湖流域位于亚欧大陆腹地，地跨博尔塔拉蒙古自治州的博乐市、精河县和温泉县，塔城地区的托里县南部和乌苏以及独山子区和奎屯市，三面环山，气候干燥少雨，日照时间长，蒸发量大。艾比湖湿地是国家级重点自然保护区，是西北内陆地区荒漠物种的集中分布区和鸟类重要的迁徙栖息地。

3.3 研究方法

3.3.1 数据来源及处理

3.3.1.1 数据来源

选取美国 NASA 卫星中心的 Landsat TM/ETM3 期遥感影像作为数据源，时段分别为 1990 年 9 月、2001 年 9 月、2011 年 9 月，分辨率运用 30 m×30 m；DEM 数据来自国际科学数据服务平台（http://datamirror. csdb. cn），气候数据来源于国家气象中心公布的博尔塔拉蒙古自治州精河气象站数据。由于 9 月是植被生长的最佳时期，可较为准确地反映植被和其他地物的分布状况，进行多年植被覆盖度的研究可比性强。

3.3.1.2 数据处理

影像配准及投影转换。采用大地坐标 WGS1984 坐标系对 IM 影像进行投影变换，运用 ERDAS IMAGE 9. 1 软件采用地面控制点对影像进行几何校正，并对影像进行降噪处理和增色处理。

研究区影像的提取。根据该地区的 DEM 高程数据，利用 ArcGIS 的水文模块通过一定的算法生成研究区域内的流域边界。运用 ERDASIMAGE 9.1 软件通过掩膜（MASK）裁剪出研究区的 IM 影像。

3.3.2　归一化植被指数处理

归一化植被指数（NDVI）计算与盖度转换植被指数是遥感分析中最具明确意义的指标之一，是基于植被叶绿素在 0.69 μm 处的强吸收，通过红外与近红外波段的组合实现对植被信息状态的描述。它能够较为准确地反映植被的生长情况，像元二分模型方法为大面积植被覆盖度估算提供了一种有效的途径，根据像元二分模型，一个像元信息由有绿色植被覆盖和无植被覆盖组成。因此，归一化植被指数常被用来研究植被覆盖变化研究。NDVI 指数可以根据 TM 影像多波段运算求得，公式为：

$$NDVI=(TM_4-TM_3)/(TM_4+TM_3) \qquad (3.1)$$

式中，TM_4——近红外波段；TM_3——红外波段。

运用 ERDAS IMAGE 9.1，调用 Modler 模块编写 NDVI 模型，计算不同时期的 NDVI 指数。

根据李苗苗等的研究成果，取 NDVI 频率累积表上频率为 0.5 % 的 NDVI 值为 $NDVI_{min}$，取频率为 99.5 % 的 NDVI 值为 $NDVI_{max}$。利用 Modeler 模块，根据盖度转化公式进行定量转换，得出 3 个时期的 NDVI 植被覆盖灰度图，转换公式为：

$$F_C = \frac{NDVI - NDVI_{min}}{NDVI_{max} - NDVI_{min}} \qquad (3.2)$$

式中，F_C——植被盖度；$NDVI_{min}$——像元内最小归一化植被指数；$NDVI_{max}$——像元内最大归一化被指数。

3.3.3　盖度分级

植被盖度的分级没有统一标准，已有研究中植被覆盖度分级的阈值也不尽相同。根据干旱区、半干旱区植被的生长特点，同时结合已有研究采用的分级标准以及实地考察，把艾比湖流域植被覆盖度分为 6 级，分级标准为：水体为 0，$F_C<20\%$ 为低覆盖区，$20\% \leqslant F_C<40\%$ 为较低覆盖区，$40\% \leqslant F_C<60\%$

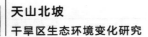

为中覆盖区，60%≤F_C<80%为较高覆盖区，F_C≥80%为高覆盖区。

运用ArcGIS 9.3软件，结合野外实地考察，对植被覆盖灰度影像图进行密度分割，并进行分类属性重编码，对图像进行属性值的重新设置，水体与误差错分区的属性值设置为0，低植被覆盖度的属性值为1，较低植被覆盖度的属性值为2，中度植被覆盖度的属性值为3，较高植被覆盖度的属性值为4，高植被覆盖度的属性值为5，得到不同时期的植被覆盖度等级图（图3.3）。再利用栅格计算器，根据新的属性值统计栅格总数，计算不同等级的植被覆盖的面积。

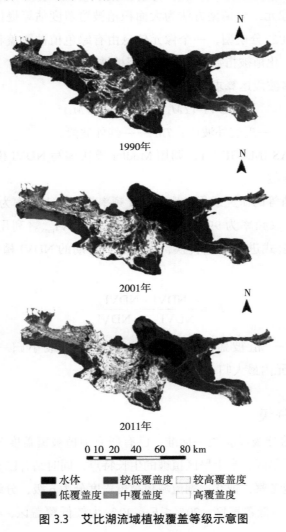

图 3.3　艾比湖流域植被覆盖等级示意图

3.3.4　景观空间格局分析

景观指数能够高度浓缩景观格局信息，反映景观组成和空间配置某些方面的特征。在对斑块类型分析时，选取斑块类型面积（CA）、斑块类型所占景观面积的比重（PLAND）、斑块数量（NP）、斑块密度（PD）、最大斑块指数（LPI）、景观形状指数（LSI）；在对景观级别分析时，选取总的斑块数（NP）、景观蔓延度指数（CONTAG）、最大斑块指数（LPI）以及香农多样性指数（SHDI）和香农均势度指数（SHEI）等指标，综合分析景观的空间分布特征和变化特征，利用 ArcGIS 9.3 和 Fragstas 3.3 协同分析，计算 3 个时期相对应的景观指数。指数计算方法和公式均采用 Fragstas 3.3 表示。

3.4　结果与分析

3.4.1　植被覆盖度总体空间分布特征

艾比湖流域 1990—2011 年植被覆盖度分布状况见图 3.3 和表 3.6。从图 3.3 可以看出，艾比湖流域植被覆盖变化明显，西南地区植被覆盖总体处于较好水平，体现于高植被覆盖区的增加，东部地区的植被覆盖有明显退化。

1990—2001 年，较低植被覆盖度区面积减少明显，减少了 935.839 5 km^2，减少幅度大于 12.09 %；高覆盖度地区增加显著，增加了 410.474 6 km^2，增加幅度为 5.3 %，研究区内低覆盖度、中覆盖度和较高覆盖度面积分别上升了 2.55 %、1.03 % 和 3.27 %，水体下降了 0.06 %，表明 1990—2001 年，该流域虽然水域面积有所下降，但总体植被覆盖较好。2001—2011 年，该地区植被覆盖度进一步有所增加，体现于较高植被覆盖度地区增加明显，增加了 260.951 4 km^2，增长幅度达 3.37 %，低植被覆盖区减少了 293.661 km^2，减少幅度为 3.79 %；但水域面积进一步退化，减少了 26.609 km^2，减少幅度达 0.34 %，高植被覆盖区有所退化，减少了 52.376 9 km^2，减少幅度为 0.68 %。

表 3.6 艾比湖流域斑块类型指数

年份	覆盖类型	面积 /km²	比重 /%	斑块数量（NP）	景观形状指数（CA）	最大斑块指数（LPI）	斑块密度（PD）
1990	水体	525.976 5	6.796 4	573	4.367 1	6.720 1	0.074
	低植被	2 635.083 6	34.049 2	39 801	156.492 1	17.040 7	5.142 9
	较低植被	2 549.218 2	32.939 7	55 489	267.733 9	5.698 7	7.17
	中植被	968.168 5	12.523 1	39 125	320.683 3	0.549 3	5.055 5
	较高植被	656.805 6	8.486 9	25 752	283.009 4	0.600 6	3.327 5
	高植被	402.800 5	5.204 8	13 754	150.569 2	0.188 9	1.777 2
2001	水体	521.596 6	6.739 8	1 224	17.052 5	6.605 2	0.158 2
	低植被	2 832.271 2	36.597 1	60 016	209.949 5	23.366 4	7.754 9
	较低植被	1 613.378 7	20.847 2	85 585	422.777	3.543 2	11.058 8
	中植被	1 048.672 6	13.550 5	66 824	366.876 3	2.234 6	8.634 6
	较高植被	909.848 7	11.756 6	42 503	356.600 2	0.899	5.492
	高植被	813.275 1	10.508 7	23 855	212.027 3	0.586 1	3.082 4
2011	水体	494.987 6	6.396	856	9.894 3	7.627 5	0.123 9
	低植被	2 538.610 2	32.802 6	32 253	177.550 2	20.596 6	4.157 9
	较低植被	1 864.378 8	24.090 5	35 670	240.905 9	5.549 6	4.598 4
	中植被	909.328	11.750 5	33 333	324.424 7	1.439 6	4.297 1
	较高植被	1 170.800 1	15.128 5	22 802	250.610 9	1.997 7	2.939 5
	高植被	760.898 2	9.831 9	27 068	289.312 5	0.434 1	3.716

从表 3.6 可以看出，从总体上看，20 年来艾比湖流域低植被覆盖度和较低植被覆盖度地区面积逐年减少，植被覆盖处于不断增长趋势，但水域面积退化较为明显，局部地区出现了植被覆盖度恶化和土地沙化情况，这主要是源于人口增长带来的压力，耕地面积的逐年扩张，开荒造田，过度引用入湖河水灌溉等导致了流域水体面积的减少。

3.4.2 基于景观指数的分析

3.4.2.1 类型水平指数的分析

景观形状指数（CA），斑块数（NP）反映景观的破碎化程度。根据表3.6，综合 2 个时段的 CA 和 NP 的变化，结果表明低覆盖斑块和较低覆盖斑块遭到了不同程度的分割，向较高覆盖度区转化，使得其斑块数增加，破碎度增加，开荒造田、人工种植植被等因素是造成这一现象的主要原因。

LSI 为景观形状指数，通过计算景观中斑块形状与等面积正方形偏离程度来反映斑块形状的复杂程度，不仅包含单个斑块的形状信息，也包括不同斑块之间的分散或聚集信息。LSI 越接近 1，整体景观形状越简单；LSI 越大，整体景观形状越复杂，即景观中斑块形状不规则或偏离正方形。3 个不同时段，中植被覆盖等级的 LSI 均为最大，形状呈不规则分布，边界复杂，边缘地带较大。从时间变化序列上来看，1990—2001 年，各覆盖等级的 LSI 都有不同程度的增加，表明在此期间斑块边界不规则性加剧，复杂程度增加人为干预增强；2001—2011 年，水体的 LSI 继续增加，其他覆盖等级的 LSI 均有所下降，表明该流域水体呈不断退化趋势，过度引水灌溉、在主要入湖河流修筑水利工程等因素与其变化有着直接的关系。

斑块密度（PD）是指在一定区域内，斑块（即不同类型的土地覆盖或生境）的数量或频率。斑块密度常用于分析和比较不同景观类型的异质性水平，异质性是景观的基本属性，表现在组成要素的异质性和空间分布的异质性。较高的斑块密度通常意味着更丰富的生境类型和更多的生境边界。根据表 3.6 可以得出 1990—2001 年 PD 均有不同程度的减少，异质性降低；2001—2011 年，PD 增长明显，异质性增强，斑块复杂程度加剧。综合 2 个时期，中覆盖的 PD 均为最大值，表明中覆盖的异质性较高。

3.4.2.2 景观水平指数分析

运用 Fragstas 3.3 软件计算分析得出 1990—2011 年艾比湖流域景观级别指数（表3.7）。斑块数（NP）和最大斑块数（LPI）能体现景观的空间分布格局，反映景观的异质性，与景观的破碎度成正相关。从表3.7 可以看出，1990—2011 年 NP 从 174 494 个上升至 280 007 个；2001—2011 年从 280 007 个减少至 163 642 个。而 LPI 从 1990 年的 17.04 上升到 2001 年的 23.37，但到 2011 年又下降至 21.1。说明 2011 年以后景观呈破碎化趋势，景观抑制性提高。

表 3.7　艾比湖流域 1990 年、2001 年、2011 年景观级别指数

年份	斑块数（NP）	最大斑块指数（LPI）	景观蔓延度指数（CONTAG）	香农多样性指数（SHDI）	香农均势度指数（SHEI）
1990	174 494	17.040 7	43.177 7	1.538 7	0.858 8
2001	280 007	23.366 4	36.302 4	1.635 8	0.913
2011	163 642	21.095 8	38.502 6	1.639 5	0.915

景观蔓延度指数（CONTAG）是反映类型不同斑块的延展趋势或聚集程度。蔓延度指数越高表明某种斑块在景观的分布中处于优势，形成了良好的连接性；反之则说明不同类型的斑块分布杂乱，形成了多种要素密集的景观格局，破碎化程度高。从表 3.7 可以看出，CONTAG 值从 1990 年的 43.18 下降到 2001 年的 36.3，到 2011 年又上升到 38.5。这种变化表明覆盖等级类型正在向分散化趋势发展，呈混杂的分布格局，自然环境的变化和人为因素的干扰是其主要因素。

SHDI 对景观中各斑块类型非均衡分布状况较为敏感，其值越大，景观类型越多；SHEI 则反映的是不同景观分布的均匀度，其值越大，不同类型景观的面积比例差越小。从表 3.7 可以看出，1990—2011 年，SHDI 和 SHEI 值都有所增加，到 2011 年分别达到了 1.639 5 和 0.915，说明各等级的植被覆盖分布多样性增加，分布趋于均匀。

3.4.3　驱动力分析

气候是决定植被类型的主要因子，不同类型植被生长所需的水热条件有着明显的差异。艾比湖流域位于干旱半干旱区，年均降水稀少，年内和年际分配不均，并且蒸发旺盛，从图 3.4 和图 3.5 可以看出，20 世纪 90 年代以来，艾比湖流域多年降水量保持在 100 mm 左右，降水量略有增加，而年平均气温则上升显著，说明该地区气候逐步趋向暖干化。运用 SPSS 13.0 对 3 个区间的气温和降水量与不同等级的植被覆盖度进行相关性分析，结果表明，

低覆盖区和较低覆盖区与气温呈正相关，相关系数分别达 0.936 8 和 0.942 1，高覆盖区和较高覆盖区与降水量也呈正相关，相关系数为 0.947 5 和 0.966 1。降水量的变化与植被覆盖度相关性显著。

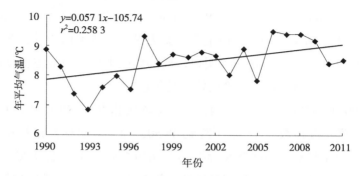

图 3.4　1990—2011 年艾比湖流域年平均气温变化趋势

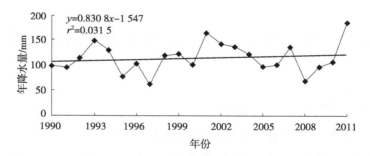

图 3.5　1990—2011 年艾比湖流域年降水量变化趋势

　　艾比湖流域西临博尔塔拉蒙古自治州，该地区为该流域主要的人口集聚地，该流域从 20 世纪 50—70 年代人口呈急速发展的状态，年均人口增长率高达 19.9 %，1981—1990 年人口年均增长率为 1.38 %，人口的过快增长给环境带来的压力是显而易见的，该流域内大面积的垦荒造田是西部地区植被覆盖度增长的主要原因，但在入湖主要河流中游地区大规模修建水库，农业引水灌溉，使入湖水量大幅减小，这是流域水体呈不断减少趋势的主要原因。

3.4.4　结论

　　艾比湖流域 20 年来植被覆盖度变化明显，低植被覆盖区和较低植被覆盖

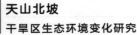

区都有所减少，分别由 1990 年的 34.05 % 和 32.94 % 减少到 2011 年的 32.8 %
和 24.06 %；较高植被覆盖区和高植被覆盖区有所增加，分别由 8.49 % 和 5.2 %
增长到 15.13 % 和 9.83 %，但水域面积退化明显，由 1990 年的 525.976 5 km²
缩小到 494.987 6 km²，减少了 30.988 9 km²，退缩幅度达 0.4 %。表明该流域
植被覆盖处于不断增长趋势，但主要类型为耕地，耕地面积的扩张，过度引
水发展农业使水域面积退化较为明显，局部地区出现了植被覆盖度恶化和土
地沙化情况，该流域的自然环境正处于退化趋势。

从 1990 年到 2011 年，该流域内最大斑块指数（LPI）由 17.04 上升到
21.1，景观蔓延度指数由 43.18 下降到 38.50，而香农多样性指数和香农均势
度指数分别由 1.538 7 和 0.858 8，增长到 1.639 5 和 0.915。说明艾比湖流域景
观格局混杂程度越来越高，空间异质性逐年在加强，总体向破碎化趋势发展。

3.5 艾比湖流域降水、地表水和地下水稳定同位素特征

3.5.1 降水的稳定同位素特征

3.5.1.1 降水稳定同位素季节变化特征及大气降水线

艾比湖流域降水氢氧同位素值有较大的变化幅度，δ^2H 变化范围
为 −142.5 ‰～−0.5 ‰，$\delta^{18}O$ 变化范围为 −20.16 ‰～1.2 ‰。据国际原子能机
构，全球降水平均稳定同位素组成，δ^2H 变化范围为 −350 ‰～50 ‰，$\delta^{18}O$ 变
化范围为 −50 ‰～10 ‰。中国大气降水 δ^2H 变化范围为 −210 ‰～2 ‰，$\delta^{18}O$
变化范围为 −24 ‰～2 ‰，可以看出，艾比湖流域大气降水的 ^2H 和 ^{18}O 值
均在全球和全国降水的变化范围内。艾比湖流域水样采样点位置示意图详见
图 3.6。

艾比湖流域降水的 δ^2H 和 $\delta^{18}O$ 值表现出了显著的季节变化特征
（表 3.8），春季（3—5 月）δ^2H 和 $\delta^{18}O$ 平均值分别为 −96.6 ‰（−98.4 ‰～
−78.4 ‰）和 −12.33 ‰（−12.89 ‰～−9.32 ‰），夏季（6—8 月）δ^2H 和 $\delta^{18}O$
平均值分别为 −45.5 ‰（−63.1 ‰～−35.5 ‰）和 −2.5 ‰（−5.94 ‰～1.2 ‰），
秋季（9—11 月）δ^2H 和 $\delta^{18}O$ 平均值分别为 −103 ‰（−132.7 ‰～−62.8 ‰）

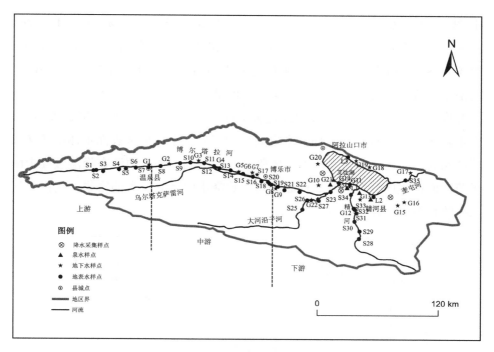

图 3.6 艾比湖流域水样采样点位置示意图

和 -11.31 ‰（-17.74 ‰～-5.64 ‰），冬季（12 月至翌年 2 月）$\delta^2 H$ 和 $\delta^{18}O$ 值平均值分别为 -129.7 ‰（-148.2 ‰～-98.3 ‰）和 -18.63 ‰（-20.16 ‰～ -14.38 ‰），可以看出，$\delta^2 H$ 和 $\delta^{18}O$ 值在季节分配上呈现出夏季最大，冬季最小，春季、秋季居中的态势，即艾比湖流域降水氢氧稳定同位素特征表现为冬季贫化而夏季富集。降水中氢氧同位素比率的季节变化反映了不同性质的水汽来源地并受当地气象条件制约。

表 3.8 艾比湖流域降水 $\delta^2 H$ 和 $\delta^{18}O$ 季节变化

δ/‰		春季	夏季	秋季	冬季
$\delta^2 H$	均值	-96.6	-45.5	-103	-129.7
	范围	-98.4 ～ -78.4	-63.1 ～ -34.5	-132.7 ～ -62.8	-148.2 ～ -98.3
$\delta^{18}O$	均值	-12.33	-2.5	-11.31	-18.63
	范围	-12.89 ～ -9.32	-5.94 ～ 1.2	-17.74 ～ -5.64	-20.16 ～ -14.38

根据艾比湖流域时间尺度降水 $\delta^2 H$ 和 $\delta^{18}O$ 值，统计分析得到该区域大气

水线为 δ^2H=6.69（±0.11）$\delta^{18}O$-6.53（±1.68）（R^2=0.99，n=43）（LMWL，图 3.7）。与全球大气水线（δ^2H=8δ^{18}+10，GMWL）和全国大气水线（δ^2H=7.9$\delta^{18}O$+8.2）相比，艾比湖流域大气水线的斜率（6.69）和常数项（-6.53）均偏小。这主要有 2 个原因，一是研究区地处内陆干旱区，次降水量小，空气湿度低、降水在降落过程中经过较强的蒸发分馏；二是研究区远离海洋，产生降水的水汽有相当一部分来自局地的蒸发，干旱地区表面水体中 δ^2H 和 $\delta^{18}O$ 偏高，因此，蒸发水汽中 δ^2H 和 $\delta^{18}O$ 也偏高，加上雨滴在降落过程中由于蒸发而产生的分馏。这 2 种原因均导致降水中重同位素的富集，使得大气水线的斜率和常数项变小。

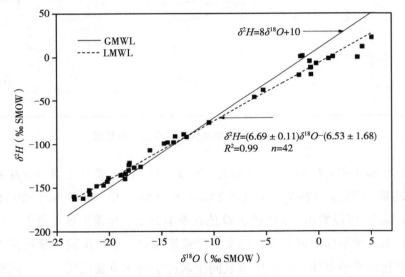

图 3.7　艾比湖流域降水 δ^2H 和 $\delta^{18}O$ 的关系

3.5.1.2　降水稳定同位素组成与降水量和温度的关系

大气降水中 δ^2H 和 $\delta^{18}O$ 的变化与产生降水的蒸发和凝结过程密切相关，而温度是制约蒸发和凝结过程的重要因子。相关研究表明，温度升高会引起同位素分馏，导致水中重同位素的富集，从而使氢氧稳定同位素值升高。图 3.8 显示了研究区氧同位素与温度的关系，可以看出研究区时间尺度降水 $\delta^{18}O$ 值与温度之间有显著的正相关关系，关系式为 $\delta^{18}O$=0.417T-14.479（P<0.05），温度每升高 1 ℃，将会引起 $\delta^{18}O$ 增加约为 0.417 ‰。

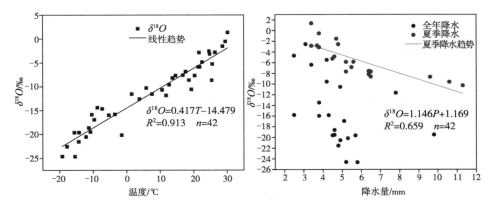

图 3.8　艾比湖流域降水 $\delta^{18}O$ 值与温度和降水量关系

观察研究区降水中的 $\delta^{18}O$ 与降水量之间的关系，可以看出全年尺度 $\delta^{18}O$ 与降水量没有显著的变化趋势，说明研究区在全年尺度不存在降水量效应。经典同位素理论认为，降水量效应在内陆区通常不显著，而主要体现在中纬度海岸和海岛地区，降水量效应的产生与强烈的对流现象有关。在本研究区，随着降水强度的增大，$\delta^{18}O$ 有下降的趋势。若只考虑夏季降水，可以得出如下关系式 $\delta^{18}O=-1.146P+1.169$（$P<0.05$），从图 3.7 中可以看出，夏季的降水量效应还是比较显著的。可见，研究区全年尺度上降水稳定同位素的降水量效应不显著，而夏季有较明显的降水量效应，其他干旱区也有类似现象。$\delta^{18}O$ 和 P 关系约为 -1.146 ‰/mm。

艾比湖流域位于极端干旱区，降水量少，且主要集中在春季和夏季，秋冬季降水量较少，从观测数据来看，10 月至翌年 4 月降水量较少，温度较低，在温度效应的控制下，降水稳定同位素值呈现贫化特点，而夏季随着降水量的增加使得同位素值增大，呈现出降水量效应。研究表明，季风降水的同位素组成特征可能会表现出一定的降水量效应。另外，研究区夏季的降水受局地水汽循环影响，而这些水汽中的稳定同位素值普遍较高，加之高温下的强烈蒸发，造成稳定同位素值偏高。

3.5.2 地表水稳定同位素特征

3.5.2.1 河水稳定同位素时空变化特征

博尔塔拉河和精河 δ^2H 和 $\delta^{18}O$ 季节变化如表 3.9 所示。可以看出，博尔塔拉河和精河 δ^2H 和 $\delta^{18}O$ 值均为 8 月最大，5 月次之，10 月最小，季节间变幅相差不大。河水稳定同位素值随季节而变化，这主要是由于不同季节温度和降雨量等气象因子具有差异性。

表 3.9　博尔塔拉河和精河 δ^2H 和 $\delta^{18}O$ 季节变化　　　　单位：‰

δ		博尔塔拉河			精河		
		5 月	8 月	10 月	5 月	8 月	10 月
δ^2H	均值	−82.9 ‰	−75.4 ‰	−90.2 ‰	−85.6 ‰	−79.4 ‰	−88.8 ‰
	范围	−96.1 ‰ ～ −75 ‰	−84.1 ‰ ～ −65.1 ‰	−101.1 ‰ ～ −80.9 ‰	−88.5 ‰ ～ −80.5 ‰	−81.2 ‰ ～ −75.8 ‰	−90.8 ‰ ～ −86.3 ‰
$\delta^{18}O$	均值	−11.77 ‰	−10.71 ‰	−12.81 ‰	−12.51 ‰	−11.61 ‰	−12.99 ‰
	范围	−13.84 ‰ ～ −9.61 ‰	−12.04 ‰ ～ −8.34 ‰	−14.54 ‰ ～ −10.97 ‰	−12.98 ‰ ～ −11.68 ‰	−11.91 ‰ ～ −11 ‰	−13.21 ‰ ～ −12.52 ‰

图 3.9 显示的是博尔塔拉河和精河 δ^2H 和 $\delta^{18}O$ 不同季节沿流程变化特征。可以看出，博尔塔拉河同位素值从上游到下游沿流程逐渐增加，这主要是由于河流上中下游河水补给源不同，并且受到的蒸发强度不同造成的。博尔塔拉河上游靠近山区，河流补给源主要为同位素值较低的冰雪融水，所以上游河水同位素值最低。中下游区域为平坦的盆地和平原，河流主要补给源为降雨，平原区降雨经过云下二次蒸发效应同位素值逐渐富集。另外，河流在下游地区流速减缓，气温升高，蒸发量增大，这些原因导致河水同位素值沿流程逐渐增加。精河同位素值沿流程变化趋势不明显，主要原因可能是河流上游到下游海拔差异不大，且流程较短，没有像博尔塔拉河那样有明显的河水补给源和气象要素的变化。不同水体间比较来看，精河水中的氢氧同位素整体比博尔塔拉河水偏贫化，且沿流向变化幅度小，究其原因还是由于精河流程短且河水补给单一化造成的。艾比湖水同位素值与河水比较，在不同季节均有较大幅度的增加，反映了湖水强烈的蒸发浓缩作用导致同位素富集。

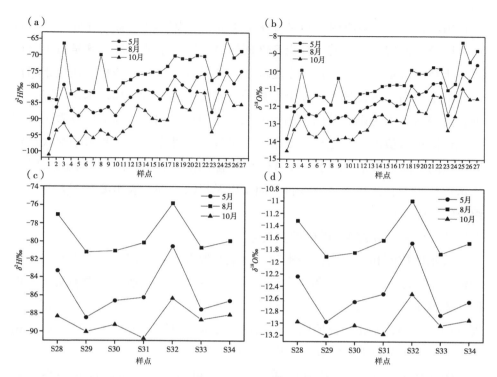

图 3.9　博尔塔拉河（a、b）和精河（c、b）氢氧同位素δ^2H和$\delta^{18}O$沿流程变化特征

　　从以上分析可知，博尔塔拉河流程长，氢氧同位素从上游到下游总的变化趋势是逐渐富集，这种趋势是波动式的，而且有几个采样点比较周围采样点出现了极其高或低的现象，出现这种变化有自然过程和人为影响 2 个方面的原因。上游采样点 S3 的同位素值明显高于周围采样点，尤其在 8 月和5 月。通过现场调查 S3 样点周围是牧民定居点，牧民为了取水方便，对河水进行了筑坝拦截，致使河水流速减慢，蒸发分馏作用加强，导致同位素值比相邻点偏高。中游 S8 样点同位素值在 8 月显著周围采样点，而 5 月和 10 月则没有表现出这种特点。通过调查 S8 样点周边是农田，种植有大片的棉花，8 月刚好是对作物进行灌溉的季节，分析可能是灌溉回水通过渗透流入河道导致河水同位素值偏高，而 5 月和 10 月没有灌溉农田，所以没有出现同位素值偏高的现象。下游 S24 样点同位素值不同季节均明显低于周围样点，原因是样点接近湖区，地下水位比较高，在水势梯度下对河水补给所致。精河上游第一个采样点 S28 在不同季节氢氧同位素值偏高，分析原因可能是因为采样

点在山区，特殊的地质构造和岩石性质使得该样点区域水-盐作用强烈，导致河水同位素值偏高。下游采样点 S32 同样氢氧同位素值偏高，这是由于该样点位于精河入湖口，周边有大片盐碱地，水-盐作用强烈，该样点还位于阿拉山口的下风向，蒸发量大，如果在夏季农耕时节灌溉量增加，水位下降，这种自然因素和人为影响共同作用致使该样点同位素偏高。综上可以看出，河水稳定同位素值沿程变化比较复杂，不是呈现线性变化，这是由于河水稳定同位素的空间分布是对降水、冰雪融水、地下水等补给源中氢氧同位素特征、各水源所占混合比率和蒸发等自然因素以及拦河筑坝、农田灌溉等人为因素综合结果的反映。

3.5.2.2　地表水 δ^2H 和 $\delta^{18}H$ 相互关系

博尔塔拉河和精河是由降水和冰雪融水混合补给的河流，从上游到下游径流量变化较大。在干旱环境中，较强的蒸发作用导致地表水中剩余水的重同位素富集，蒸发过程中各相的同位素组成，主要受蒸发温度、空气相对湿度等因素控制，变化规律原则上遵循瑞利分馏。研究地表水 δ^2H 和 $\delta^{18}O$ 间相互关系，是明确河水蒸发效应及其与降水关系的重要内容。

图 3.10 显示的是艾比湖流域入湖河流和湖水 δ^2H 和 $\delta^{18}O$ 间关系。可以看出，不同季节河水 δ^2H 和 $\delta^{18}O$ 间均有显著的线性关系，但关系式有季节性差异。5 月、8 月和 10 月 δ^2H 和 $\delta^{18}O$ 关系式分别为 $\delta^2H=5.3\delta^{18}O-20.09$（$R^2=0.88$，$P<0.01$），$\delta^2H=5.14\delta^{18}O-20.33$（$R^2=0.9$，$P<0.01$）和 $\delta^2H=5.8\delta^{18}O-15.17$（$R^2=0.89$，$P<0.01$）。从以上关系式可以看出，3 个月份的河水的 δ^2H 和 $\delta^{18}O$ 关系线主要分布在全球大气降水线和当地大气降水线的左上方，且斜率和截距（5 月：5.3 和 -20.09，8 月：5.14 和 -20.33，10 月：5.8 和 -15.17）均小于全球大气降水线（8，10）和当地大气降水线（6.69，-6.53），说明这 3 个月份河水接受降水的补给，同时河水稳定同位素也经历了一定程度的蒸发富集。艾比湖流域河水的这种同位素特征同处于中亚干旱区的塔吉克斯坦和哈萨克斯坦地表水有相似之处。通过对比 3 个月份艾比湖水同位素值可以看出，其位于河水趋势线的延长线上，说明艾比湖水主要是通过河水补给的，而湖水经过强烈的蒸发作用导致同位素值富集，高于河水同位素值。

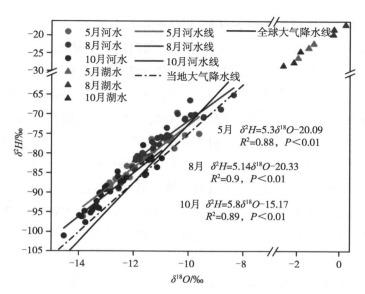

图 3.10 艾比湖流域地表水 δ^2H 和 $\delta^{18}O$ 相关关系

对比河水不同季节间的 δ^2H 和 $\delta^{18}O$ 关系可知，秋季（10 月）河水线的斜率和截距最大，其次为春季（5 月），夏季最小（8 月）。自由水体蒸发线斜率与温度和湿度气象因子有关，一般随着蒸发作用的加强而减小，研究区内不同季节河流蒸发线的斜率均小于 8，表现出降水量小而蒸发量大的干旱区环境特征，并且蒸发强度不同季节的表现为夏季最高，其次为春季，秋季最小。

从图 3.10 可以看出，根据与当地降水线的位置关系，可以将地表水同位素数据分为 3 组：第 1 组数据是位于当地降水线 LMWL 上方的含有较低 $\delta^{18}O$ 的数据；第 2 组数据是位于当地降水线 LMWL 下方的含有较高 $\delta^{18}O$ 值的数据；第 3 组是位于当地降水线 LMWL 上，介于第 1 组和第 2 组数据之间的数据。第 1 组位于当地降水线 LMWL 上方的数据主要代表了来源于冰雪融水的艾比湖流域中上游地表水，这一区域气温相对较低，湿度相对较大，冰雪融水的补给导致同位素的贫化；第 2 组位于当地降水线 LMWL 下方的数据主要为流域下游地表水和湖水，艾比湖地处西北干旱区，气候干燥，降水量少，蒸发量大，导致下游河水和湖水中同位素富集；第 3 组数据位于当地降水线上，这部分代表了地表水主要来源于降水。

3.5.2.3 博尔塔拉河和精河 δ^2H 和 $\delta^{18}O$ 的相互关系

博尔塔拉河和精河是 2 条最主要的入湖河流，也是我们重点采样河流，这 2 条河流的 δ^2H 和 $\delta^{18}O$ 特征代表了流域地表水同位素特征，所以我们对这 2 条河流的稳定同位素特征进行详细阐述。图 3.11 显示的分别是博尔塔拉河和精河不同季节河水线，δ^2H 和 $\delta^{18}O$ 均具有显著的线性关系。博尔塔拉河 5 月、8 月和 10 月河水线分别为 $\delta^2H=5.6\delta^{18}O-16.62$（$R^2=0.88$，$P<0.01$）、$\delta^2H=5.35\delta^{18}O-18.1$（$R^2=0.89$，$P<0.01$）和 $\delta^2H=5.91\delta^{18}O-14.13$（$R^2=0.91$，$P<0.01$）。精河 5 月、8 月和 10 月河水线分别为 $\delta^2H=6.15\delta^{18}O-8.69$（$R^2=0.98$，$P<0.01$）、$\delta^2H=6.22\delta^{18}O-7.24$（$R^2=0.97$，$P<0.01$）和 $\delta^2H=6.57\delta^{18}O-3.32$（$R^2=0.96$，$P<0.01$）。从河水线的季节性变化来看，博尔塔拉河 10 月河水线斜率和截距最大（5.91，-14.13），其次为 5 月（5.60，-16.62），8 月最小（5.35，-18.1），斜率和截距的季节性变化反映了博尔塔拉河不同季节蒸发能力的不同，8 月蒸发最强，5 月次之，10 月最小。博尔塔拉河水线这种季节性变化特征同地表水线是相同的。精河水线的季节性变化则是 10 月斜率和截距最大（6.57，-3.32），其次为 8 月（6.22，-7.24），5 月最小（6.15，-8.69），反映了精河蒸发强度 5 月最大，8 月次之，10 月最小，5 月和 8 月的蒸发强度季节变化与博尔塔拉河不同。从博尔塔拉河和精河水线斜率比较看，精河水线普遍高于博尔塔拉河水线，说明整体来看，博尔塔拉河水的蒸发强度要高于精河水。博尔塔拉河和精河均发源于山区冰雪融水，博尔塔拉河相较于精河流程长，坡降小，流速慢，加上气象因素的影响导致 2 条河流蒸发强度的差异性。

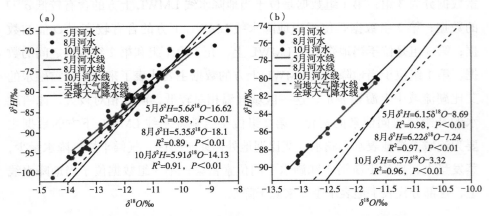

图 3.11　博尔塔拉河（a）和精河（b）δ^2H 和 $\delta^{18}O$ 相关关系

博尔塔拉河上中下游不同季节 δ^2H 和 $\delta^{18}O$ 关系见表 3.10。可以看出，不同区段河流 δ^2H 和 $\delta^{18}O$ 间呈现明显的线性关系。δ^2H 和 $\delta^{18}O$ 关系的空间比较，不同季节关系式的斜率和截距均是上游最大，中游次之，下游最小，反映了博尔塔拉河上中下游蒸发强度依次减小。δ^2H 和 $\delta^{18}O$ 关系的季节比较，上游关系式斜率和截距在 8 月最大，10 月次之，5 月最小。中下游关系式斜率和截距在 10 月最大，5 月次之，8 月最小。反映了蒸发强度的季节性变化中下游是一致的，而与上游则表现出差异。值得注意的是，博尔塔拉河上游不同季节 δ^2H 和 $\delta^{18}O$ 关系线的斜率和截距均高于当地大气降水线斜率和截距，8 月和 10 月的斜率值甚至达到全球大气降水线，而中下游 δ^2H 和 $\delta^{18}O$ 关系线斜率均小于当地大气降水线。这充分说明了上游区段在降水量、温度、湿度和蒸发量等气象因子与中下游有明显的差异性，博尔塔拉河上游靠近山区，相较于中下游地区降水量大，湿度高，蒸发强度小，在干旱气候区属于相对湿润地区。

表 3.10　博尔塔拉河上中下游不同季节 δ^2H 和 $\delta^{18}O$ 关系

区段	5 月		8 月		10 月	
	关系式	R^2	关系式	R^2	关系式	R^2
上游	$\delta^2H=7.7\delta^{18}O+9.1$	0.97	$\delta^2H=8.18\delta^{18}O+13.94$	0.95	$\delta^2H=8\delta^{18}O+13.88$	0.95
中游	$\delta^2H=6.4\delta^{18}O-6.31$	0.91	$\delta^2H=6.38\delta^{18}O-6$	0.93	$\delta^2H=6.41\delta^{18}O-6.74$	0.94
下游	$\delta^2H=4.49\delta^{18}O-30.14$	0.89	$\delta^2H=4.19\delta^{18}O-30.32$	0.91	$\delta^2H=5.29\delta^{18}O-22.8$	0.92

3.5.3　地下水稳定同位素时空变化特征

3.5.3.1　地下水 δ^2H 和 $\delta^{18}O$ 相互关系

图 3.12 显示的是艾比湖流域地下水 δ^2H 和 $\delta^{18}O$ 相关关系。可以看出，不同季节地下水 δ^2H 和 $\delta^{18}O$ 间均有显著的线性关系，但关系式有季节性差异。5 月、8 月和 10 月 δ^2H 和 $\delta^{18}O$ 关系式分别为 $\delta^2H=5.77\delta^{18}O-12.88$（$R^2=0.84$，$P<0.01$），$\delta^2H=5.51\delta^{18}O-14.73$（$R^2=0.83$，$P<0.01$）和 $\delta^2H=5.55\delta^{18}O-14.24$（$R^2=0.8$，$P<0.01$）。从以上关系式可以看出，3 个月份的地下水的 δ^2H 和 $\delta^{18}O$ 关系线主要分布在当地大气降水线的左上方，且斜率和截距（5 月：5.77 和 -12.88，8 月：5.51 和 -14.73，10 月：5.55 和 -14.24）均小于全球大气降水线（8，10）

和当地大气降水线（6.69，-6.53），说明这 3 个月份地下水接受降水补给的同时也经历了一定程度的蒸发富集。地下水线同河水线相比较，5 月和 8 月地下水线斜率均大于河水线，而 10 月小于河水线，说明地下水和河水同位素的季节变化影响机制是不同的，河水同位素季节变化主要是受季节温度的变化影响，而地下水可能主要受补给源的影响。

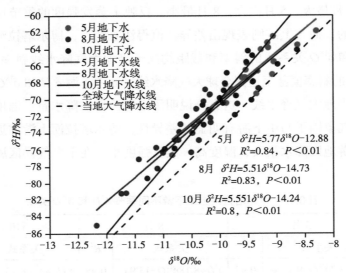

图 3.12　艾比湖流域地下水 δ^2H 和 $\delta^{18}O$ 相关关系

　　艾比湖流域地下含水层可分成 2 个流动系统，称为流动系统 I 和流动系统 II。从 3 个方面来区别这 2 个流动系统，其一，2 个系统的氢氧同位素值具有差异性。流动系统 I $\delta^{18}O$ 和 δ^2H 值除了 G1 点，其他点均高于流动系统 II，而系统内样点同位素值基本稳定，说明 2 个系统经历了不同的蒸发作用或水岩作用。G1 点位于博尔塔拉河上游，由同位素值较低的冰雪融水补给，所以该点同位素值较低。其二，2 个系统的电导率具有差异性。流动系统 I EC 值为 360～420 μs/cm，而流动系统 II EC 值均高于 500 μs/cm，说明 2 个系统的地球化学环境不同，流动系统 I 的离子含量可能要低于流动系统 II。其三，2 个系统的氘盈余具有差异性。流动系统 I 的氘盈余值均小于 10，而流动系统 II 均大于 10，这说明了 2 个系统可能接受了不同的水源补给。从井深来看，流动系统 II 地下水深度均在 100 m 以下，而流动系统 I 地下水深度为

15～150 m，所以 2 个系统可能是同一个含水系统，但是分属于水力联系不同的流动系统。

艾比湖流域地下水流动系统 I 和系统 II 在 5 月、8 月和 10 月 δ^2H 和 $\delta^{18}O$ 关系线见表 3.11。流动系统 I δ^2H 和 $\delta^{18}O$ 关系线的斜率除了 10 月均大于河水线，流动系统 II 不同季节均大于河水线，说明了地下水系统在接受降雨或冰雪融水补给后经历了比河水弱的蒸发作用。2 个流动系统关系线的斜率比较，流动系统 I 在不同季节均低于流动系统 II，说明虽然属于同一个含水层，但 2 个系统还是经历了不同的水循环过程，流动系统 II 的同位素特征更接近于降水，所以推测此系统地下水直接由冰雪融水补给，但径流路径与流动系统 I 不同。

表 3.11　地下水流动系统 I 和系统 II δ^2H 和 $\delta^{18}O$ 关系

类别	5 月		8 月		10 月	
	关系式	R^2	关系式	R^2	关系式	R^2
流动系统 I	$\delta^2H=5.63\delta^{18}O-13.81$	0.79	$\delta^2H=5.75\delta^{18}O-13.12$	0.8	$\delta^2H=5.57\delta^{18}O-14.62$	0.73
流动系统 II	$\delta^2H=6.94\delta^{18}O+1.19$	0.75	$\delta^2H=7.01\delta^{18}O+1.32$	0.72	$\delta^2H=6.75\delta^{18}O+0.87$	0.74

3.5.3.2　地下水 δ^2H 和 $\delta^{18}O$ 时空变化特征

地下水取样点主要分布在博尔塔拉河和精河断面附近以及艾比湖周边区域，井深为 15～150 m。根据取样点地下水的理化特征将其分为 2 个流动系统 I 和 II，流动系统 I 分布在整个流域，流动系统 II 主要分布在河流下游和艾比湖周边区域，2 个系统应属于同一含水层的不同的径流路径。对地下水取样点稳定同位素分析结果表明，δ^2H 值的范围从 -85 ‰ 到 -65.5 ‰，平均值为 -75.5 ‰；$\delta^{18}O$ 值的范围从 -12.18 ‰ 到 -9.05 ‰，平均值为 -11 ‰；氘盈余的范围从 5.71 ‰ 到 14.34 ‰，平均值 8.2 ‰。2 个地下水流动系统稳定同位素分析结果表明，流动系统 I δ^2H 值的范围从 -85 ‰ 到 -65.5 ‰，平均值为 -72 ‰；$\delta^{18}O$ 值的范围从 -12.18 ‰ 到 -9.05 ‰，平均值为 -9.84 ‰；氘盈余的范围从 5.71 ‰ 到 8.38 ‰，平均值为 6.9 ‰。流动系统 II δ^2H 值的范围从 -81.8 ‰ 到 -70.1 ‰，平均值为 -78.5 ‰；$\delta^{18}O$ 值的范围从 -12.05 ‰ 到 -11.05 ‰，平均值为 -11.38 ‰；氘盈余的范围从 10.63 ‰ 到 14.35 ‰，平均值为 12.61 ‰。可以看出，流动系统 II 的稳定同位素变化范围和均值比流动系统 I 更小，氘盈余值更大。

艾比湖流域地下水的流向与地表水的流向基本一致，从高海拔的山区流向平原区的艾比湖，博尔塔拉河和精河地下水沿程变化特征见图3.13。博尔塔拉河地下水 G1 和 G2 点同位素值明显比其他样点低，这是因为这 2 个样点位于上游区域，直接受冰雪融水补给，温度低，蒸发分馏效应不明显。从 G3 到 G11 点同位素值表现出在波动中略微升高的趋势，显示出受到潜水蒸发的影响。G7 点在 5 月和 10 月同位素值出现了降低，这可能是由于下游区域农业灌溉导致地表水补给造成的。G8 和 G9 点出现略微升高的现象，可能是由于 G8 点地下水位较浅（30 m），与地表水相互转化频繁，而附近地表水由于受蒸发影响同位素值逐渐富集。精河地下水同位素值从中游到下游呈逐渐增加的趋势，值得注意的是，G12 和 G13 点的井深只有 40 m，而 G14 点的井深达到了 100 m，前 2 个样点由于与河水的交换作用同位素值较低，而 G14 样点非常接近艾比湖，应该是与高同位素值的湖水的交换作用导致此样点同位素值偏高。

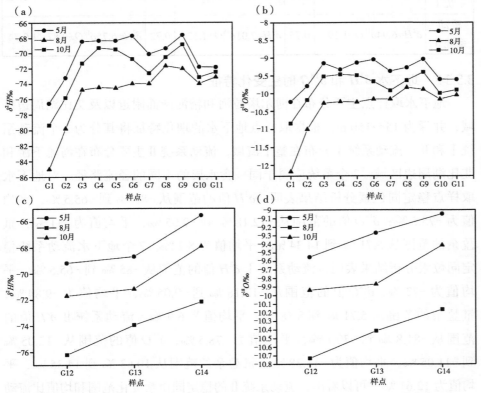

图 3.13 博尔塔拉河（a、b）和精河（c、d）流域地下水 $\delta^2 H$ 和 $\delta^{18} O$ 沿程变化特征

艾比湖流域地下水同位素值表现了一定的季节性差异。季节间变化总体表现为 5 月同位素值最高，10 月次之，8 月最小。地下水同位素值的这种季节变化同地表水不同，地表水同位素值有显著的温度效应和海拔效应，说明影响地表水同位素分布的因素主要体现在气候特征上，而地下含水层分布在地表以下，从采样点信息来看，井深从几十米到 150 m 不等，受外界气候变化影响较小，主要受其补给源特征和水-盐作用影响。8 月山区降雨多，且温度高，冰雪融化补给地下水也多，所以地下水体现了较低的同位素值。博尔塔拉河稳定同位素值季节性变化幅度沿程有逐渐减小的趋势，其中 G1、G3 和 G4 处的 δ^2H 和 $\delta^{18}O$ 值季节性波动最强。地下水中稳定同位素值的季节变化幅度反映了水循环的速率快慢和流程的远近，一般情况下，地下水滞留时间越长，流程越近，稳定同位素值变化幅度越明显。G1 点 δ^2H 和 $\delta^{18}O$ 值的季节变动性大是因为该点距离补给源较近。G3 和 G4 点 δ^2H 和 $\delta^{18}O$ 值季节变化幅度大，表明该处水循环周期短和流程短。精河稳定同位素值季节性变化幅度不明显，一方面是因为精河流程较短，采样点少，没有表现出明显的变化特征，另一方面是因为样点均分布在中下游区域，上游区域没有采集到地下水，一般上游区域由于地表水和地下水交换频繁而表现出季节性变化。

3.6 艾比湖流域水资源供需关系预测分析

新疆艾比湖流域自古就是欧亚的交通要道。唐代开辟的"丝绸之路"北道，就是经过此越天山至欧洲，而今第二欧亚大陆桥——北疆铁路出阿拉山口与哈萨克斯坦接轨，发展成为祖国通往欧洲的大门，新疆边贸的窗口。流域辖一市两县（博乐、精河、温泉）和阿拉山口口岸，境内驻有新疆生产建设兵团五师及其所属 11 个团场。截至 2003 年年底，流域 29 个民族总人口 439 607 人，是一个以农牧业为主的地区，属灌溉型农业，农业种植以棉花、小麦、油葵、玉米、枸杞为主。全流域水资源总量 25.16 亿 m^3；地表水径流总量 23.21 亿 m^3，可利用量为 16.5 亿 m^3，占水资源总量的 65.58 %，地下水资源补给总量为 11.08 亿 m^3，其中可开采量 4.5 亿 m^3/年，占地下水补给总量的 40.61 %。该流域在 20 世纪 40 年代初，湖面面积约为 1 200 km^2。自 20 世纪 50 年代以来，由于流域的过度开发和不合理的水资源利用，湖面面积逐渐减少，萎缩到目前的 542 km² 左右。由于过度开发，该地区 60 % 的林木被毁坏。同时，还有大片的土地被荒废，生态系统严重退化。随着当前社会经济的快速发展，该流域若不进行适当的人口、农业、工业发展速度的控制，逐年增长的工农业及人民生活用水势必造成艾比湖水资源匮乏，面临干缩的危险。

3.6.1　数据资料与方法

3.6.1.1　数据资料来源

水资源、水环境、社会经济资料数据主要来源于 2003 年的博尔塔拉蒙古自治州水资源综合规划报告和 2003 年博尔塔拉蒙古自治州水资源公报，收集流域 1980—2003 年每年的供水、用水、废污水排放情况、工业企业污染调查、入河排污口的情况、人口、工业产值、农业产值等主要指标的年数据。为流域水资源供需平衡模型分析提供了主要变量以及相关辅助变量设置的依据。

3.6.1.2　研究方法

水资源系统是一个复杂的大系统，它的开发利用受自然因素、社会因素、经济因素、环境因素等多种因素的影响和限制，而各个因素系统内部又有许多因素组成，而且组成大系统的诸多因素的相互影响也是在不断地发生变化。系统动力学（System Dynamics，简称 SD）是麻省理工学院 Jay.W. Forrester 教授于 1956 年创立的。它源于系统论，并吸收控制论、信息论的精髓，融结构与功能、物质与信息、科学与经验于一体，沟通了自然科学和社会科学的横向联系。系统动力学最为突出的优点在于它能处理高阶次、非线性、多重反馈、复杂时变的系统问题，成为研究复杂大系统运动规律的理想方法。因此，用系统动力学方法研究水资源供需关系问题是相对比较理想的方法。所以本文应用系统动力学原理采用动态系统反馈模拟评价其水资源供需水动态变化趋势。系统动力学的本质是一阶微分方程组。在 SD 模型中，流率方程是主干，因为它系统描述了状态变量（流位）的变化规律，而实际上流位方程是欧拉法数值积分的表示，其一般形式为：L.K=L.J+(IR.JK−OR.JK)，式中 L.K、L.J 为流位向量；IR.JK、OR.JK 为流率向量。通过对上式变形，可得：(L.K−L.J)/DT=DL/DT=IR.JK−OR.JK。

上式的物理意义为流位的导数等于入流率和出流率的代数和。

本研究根据已构建的供需水平衡的因果反馈关系图，可得出 4 个流位的变化率、常量，它们最终只依赖于 4 个流位变量，由此可得到模型的对应微分方程组一般形式，此一般形式刻画了依赖于流位的状况。本流域所建立的模型初始年数值为 2000 年，模型构建的微分方程组为：

WTS_1L 可供水量：

$$WTS_1L(1)/dt=WTWS_2R(t)-TD_2R(T)=f_1[WTS_3A(t)]-f_2[WTS_3A(t)], [WTS_1L(t)] \tag{3.3}$$

TWS_2R 为可供水量的变化速度，$TD2R$ 为可需水量的变化速度，式中，K 为当前时间；J 为时间 K 相邻的前一时间；DT 为计算步长；$WTS_1L(t)/_{t=2\,000}=1\,200\,000\,000$；单位：$m^3$。

P_1L 可承载人口：

$$P_1L(t)dt=PPI_2R(t)-PD_2R(t)=f_5[P_1L(t),BM_1A(t)]-f_7[WTSL_{11}A(t),LWD_1A(t)] \tag{3.4}$$

式中，PPI_2R 为出生人口数的变化速度，PD_2R 为死亡人口数的变化速度；$P_1L(t)/_{t=2\,000}=413\,713$；单位：人。

AP_1L 可承载农业产值：

$$AP_1L(t)/dt=f_4[WTDA_{10}A(t), AWP_2R(t), AP_1C] \tag{3.5}$$

式中，$WTDA_{10}A$ 为农业用水量，AWP_2R 为单方农业用水效益增加速度，AP_1C 为非水农业产值因子；$AP_1L(t)/_{t=2\,000}=118\,963$；单位：万元。

$$IP_1L(t)/dt=f_3[WTDE_9A(t), IE_2R(t), IP_4C] \tag{3.6}$$

式中，$WTDE_9A$ 为工业用水总量，IE_2R 为单方工业用水效益增长速度，IP_4C 为非水工业产值因子；$IP_1L(t)/_{t=2\,000}=70\,127.7$；单位：万元。

3.6.2　现状年条件下流域供需水关系预测分析

本研究所建立的模型模拟时间为 30 年，计算步长的取值为 1 年，每 1 年存储一次计算结果。这些数据在进行模型仿真是可以重新设定的。通过参数灵敏性检验，发现当参数在合理范围内变动时，模型行为趋势变化不大，因此，模型可信度较高。本模型运行模拟采用美国 Ventana 公司推出的在 Windows 操作平台下运行的系统动力学专用软件包最新版本为 Vensim 5.2a。

Vensim 软件是一个可视化的建模工具，通过使用该软件可以对系统动力学模型进行构思、模拟、分析和优化，同时可以形成文档。

3.6.2.1　模型模拟总体发展趋势分析

流域可供水量、可承载人口、可承载农业产值、单方农业用水效益、可承载工业产值、单方工业用水效益预测按照初始值运行，各指标整体呈上升趋势（图 3.14）。

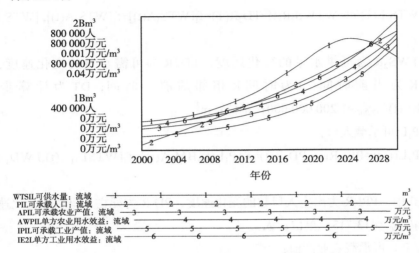

图 3.14　流域模型模拟总体发展趋势分析

根据模型模拟预测，可供水量 2000—2010 年平均增长较快，累计增长 25.66 %；2011—2020 年可供水量增长幅度有所下降，2021 年以后可供水量变化速度增长幅度明显下降。说明进入 2021 年以后，流域的农业、工业节水水平已经达到一定程度，供需水间的矛盾得到一定程度的缓和。

可承载人口一直处于增长趋势，预计可承载人口从 2000—2030 年将累计增长 1.85 倍，但 2011—2030 年人口增长幅度有所减缓。主要由于流域经济发展和产业结构的升级而引起的城镇化率的提高，未来农业人口将大部分向城镇流动，非农业人口将迅速增加，全流域的人口依然在博乐市所占比例最大。

可承载农业产值 2000—2010 年累计增长 1.99 倍；2011—2020 年累计增长 1.68 倍；2021—2030 年累计增长 1.64 倍。可承载农业产值增长速度整体呈增长趋势，2011—2030 年增幅有所减缓，减缓幅度不大。预测 2000—2030 年，全流域的农业主要集中在博乐市、精河县，并且博乐市、精河县、温泉县可承载农业产值整体呈上升趋势。

可承载工业产值变化模拟分别为 2000—2010 年累计增长 1.93 倍；2011—2020 年累计增长 2.12 倍；2021—2030 年累计增长 2.19 倍。以 2000 年不变价格计算，根据模型预测 2030 年流域工业产值将达到最大值为 631 342 万元，其中博乐市 384 492 万元，温泉县为 68 683.5 万元，精河县为 144 173 万元；2030 年流域工业需水量将达到最大值为 $3.42 \times 10^7 \, m^3$，其中博乐市 $3.45 \times 10^6 \, m^3$，温泉县为 $1.57 \times 10^6 \, m^3$，精河县为 $9.43 \times 10^6 \, m^3$。预测 2000—2030 年，全流域的工业主要集中在博乐市、精河县，并且博乐市、精河县、温泉县可承载工业产值整体呈上升趋势，相应流域工业需水量呈上升趋势。

3.6.2.2 流域各行业需水量预测

各行业需水量指有经济产出的各类生产活动所需的水量，包括第一产业（种植业、林牧渔业）、第二产业（工业、建筑业）及第三产业（服务业）。本研究主要分析农业需水量（大农业），工业需水量，生活需水量，环境需水量（图 3.15）。

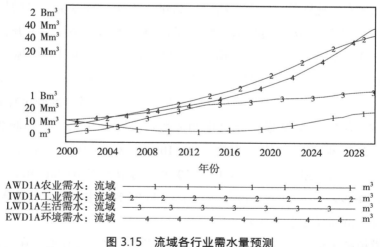

图 3.15　流域各行业需水量预测

（注：Bm^3 为 $10^9 \, m^3$，10 亿立方米；Mm^3 为 $10^6 \, m^3$，百万立方米）

流域农业需水量 2010 年、2020 年、2030 年模拟数值分别为 $11.07 \times 10^8 \, m^3$、$11.13 \times 10^8 \, m^3$、$11.77 \times 10^8 \, m^3$；农业需水量变化模拟分别为 2000—

2010 年年均减少 8.8 %；2011—2020 年年均增长 3.86 %；2021—2030 年年均增长 4.27 %。农业需水量发展速度整体呈增长趋势。根据社会经济其他部门的发展和需水预测，未来艾比湖流域农业灌溉占有水量，将因其他部门的需水变化以及流域水资源开发利用程度的提高，在未来 30 年内呈缓慢增长的下降趋势。

流域工业需水量 2010 年、2020 年、2030 年模拟数值分别为 $2.57 \times 10^7 \, m^3$，$3.01 \times 10^7 \, m^3$，$3.42 \times 10^7 \, m^3$；工业需水量变化模拟分别为 2000—2010 年年均增长 8.56 %；2011—2020 年年均增长 13.62 %；2021—2030 年年均增长 10.56 %。工业需水量发展速度整体呈上升趋势。但自 2011 年后增长速度略有缓慢。说明随着流域工业化进程，工业用水已正在成为新的需水增长点，这与该流域快速发展的工业有一定关系。但城市化进程也进一步加快，对工业用水也将提出新的要求。

流域生活需水量 2010 年、2020 年、2030 年模拟数值分别为 $1.72 \times 10^7 \, m^3$、$1.92 \times 10^7 \, m^3$、$2.14 \times 10^7 \, m^3$；生活需水量变化模拟分别为 2000—2010 年年均增长 31.4 %；2011—2020 年年均增长 9.89 %；2021—2030 年年均增长 9.35 %。生活需水量发展速度整体呈上升趋势。 2000—2010 年生活需水量增长速度较快，但自 2011 年后增长速度明显缓慢。随着可承载人口整体呈上升趋势，相应流域生活需水量呈上升趋势。预计 2030 年后流域人口和生活需水量将呈缓慢增长趋势。人口增长对流域社会经济的发展和人民生活的改善与提高，有着重要的影响，分析和预测流域生活需水量主要与人口数量的变化有关。

流域环境需水量是指城镇绿化和环境污染稀释用水。据预测 2010 年、2020 年、2030 年模拟数值分别为 $4.94 \times 10^6 \, m^3$、$8.83 \times 10^6 \, m^3$、$17.11 \times 10^6 \, m^3$；环境需水量变化模拟分别为 2000—2010 年年均增长 37.65 %；2011—2020 年年均增长 40.99 %；2021—2030 年年均增长 44.94 %。主要与日益改善的社会公共环境质量和绿化水平有关。

从模拟结果分析，目前流域整体社会经济发展水平还较低，在未来 30 年新疆艾比湖流域社会经济处于较快速发展阶段，农业保持较为稳定的发展，工业增长速度较快，而居住环境质量的改善得到逐步重视。但根据模型预测流域可供水量若能维持其农业、工业、人口发展速度，到 2030 年流域水资源利用率已经超过 80 %，也已接近流域最大水资源量。显然，该流域在水资源总量的控制下，若能保证预测社会经济速度发展，必须各行业采取节水措施，提高广大公众的节水意识。

3.6.2.3 不同时段的供需水平衡预测分析

根据流域水资源的供需平衡原理分析，假设在不考虑流域自然环境用水（天然的河流、湖泊等）的条件下，按现状年（2000年）模型预测了规划水平年2010年、2020年、2030年的水资源供给量，结果显示基本能满足其社会各行业需水量（表3.12）。但按流域实际情况，在仅考虑维持艾比湖湖泊需水量 $7.12 \times 10^8 \, m^3$ 的情况下，根据模型预测现状年（2000年）缺水量达 $7.093 \times 10^8 \, m^3$，规划水平年2010年缺水量 $5.113 \times 10^8 \, m^3$，2020年缺水量 $1.759 \times 10^8 \, m^3$，以及2030年缺水量 $3.171 \times 10^8 \, m^3$。预计流域社会各行业未来30年内累计缺水量约 $97.26 \times 10^8 \, m^3$。可见，若继续过度消耗水资源和忽略环境问题，流域的社会经济发展将是不可持续的。

若继续保持流域在2000年的条件下的可供水量、可承载农业产值、可承载工业产值、可承载人口的发展速度，即预计2000—2030年可供水量累计增长33.33 %、可承载人口累计增长近2倍，可承载农业产值累计增长6.19倍、可承载工业产值累计增长9倍，流域湖泊环境必将继续恶化。因此，必须在流域一定的可供水量约束下控制农业、工业、人口的发展速度。

表3.12 流域的供需水平衡分析

年份	供水量（$\times 10^8 \, m^3$）	需水量（$\times 10^8 \, m^3$）				供需差额（$\times 10^8 \, m^3$）
		农业	工业	生活	环境	
2000	12	11.619	0.224	0.1	0.03	0.027
2010	13.266	10.797	0.253	0.162	0.047	2.007
2020	16.97	11.035	0.297	0.193	0.084	5.361
2030	16.897	12.212	0.357	0.211	0.168	3.949

3.6.3 流域供需水平衡协调对策研究

从供需水角度来看，供水量虽基本能满足社会经济各行业的用水需求，但要考虑天然环境需水问题，供水量就很紧缺。因此，今后关键是协调流域经济发展用水和环境需水的问题。

3.6.3.1 适度控制人口增长

人口增长对流域社会经济的发展和人民生活的改善与提高有着重要的影响，分析和预测流域生活需水量主要与人口数量的变化有关。但根据目前流域实际情况来看，流域城镇供水普及率较低，大部分城镇供水管线老化锈蚀严重，难以保障城镇居民的用水安全和卫生。还有部分城镇居民仍在饮用手压井水、涝坝水和沟渠水。也有部分农牧民还只能从河、渠中取水，夏季常受降水山洪影响，水污染严重，冬春封冻断流，饮水十分困难。所以要实现模型预测结果，流域必须采取措施使自来水普及率至少达到60％，才能实现有足够的卫生饮用水，以保证与小康生活水平相适应。

3.6.3.2 大力发展节水型农业

据模型预测结果分析，流域必须要把发展节水灌溉，发展生态农业，作为革命性措施，加大实施力度，使农业由粗放型向现代集约持续农业转变，由外延为主转为以内涵挖潜发展为主，到2010年基本实现生态经济县（市）建设的目标。要加快发展节水农业，必须以提高农牧民收入水平，为出发点和落脚点，关键在于发育农村市场，加快农村经济结构的优化升级，加快特色农业产业化进程，使农民收入稳定增长。要建立经济主体的节水利益驱动机制和投入机制，促进增长方式转变，发展现代集约生态农业，最大的难点，是转变传统的漫灌积习和粗放经营方式，向节水灌溉和发展生态农业转变。这个转变取决于政府的调控力度、政策的引导和支持力度、推广生态农业技术的服务力度，运用市场机制和利益机制，水价逐步到位，节水管理到户，解决节水增效和农民增收的问题。

3.6.3.3 调整产业结构，合理发展工业

流域国民经济用水中，大部分是农业用水。但随着流域工业化进程，工业要有较大的发展。根据流域目前发展的现状，要实现模型在工业用水方面的预测水平，同时要保证其工业的健康发展和国民经济生产总值提高，在工业化过程中的正常工业用水应予大力满足，同时加强工业生产节水技术的改革、提高工业用水重复利用率和大幅度降低万元产值取水量等措施。

3.6.3.4 保护生态环境，重视生态用水

本模型预测只考虑城镇绿化和环境污染稀释用水，将天然环境用水设为固定值，对环境需水量计算值将偏小，但整体能反映流域环境需水的发展趋

势。根据流域目前发展的现状，需要在水资源综合规划基础上，确定流域生态用水总量，明确各河流最小生态径流量，逐步协调国民经济用水和生态环境用水，是新时期流域水资源科学合理调配的关键。也为未来流域实施灌区节水，全面建设节水型社会提供基础保证。

4

艾比湖流域土壤环境特征

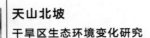

4.1　土壤类型划分

艾比湖流域土壤共 30 个土种，分属为 19 亚类，分别是灰褐土、棕钙土亚类、栗钙土、淡栗钙土亚类、棕钙土亚类、淡棕钙土、碱化棕钙土、灌耕灰漠土亚类，灰棕漠土亚类、新积土亚类、钙质石质土亚类、粗骨土亚类、石灰性草甸土亚类、泥炭沼泽土亚类、盐化沼泽土亚类、典型盐土亚类、沼泽盐土亚类、灰灌漠土亚类、灰灌漠土亚类，其各类土种归属与分布，土壤类型，主要性状，典型剖面，生产性能等详细资料如下。

4.1.1　厚层灰褐土

土种　厚层灰褐土

亚类　灰褐土

土属　灰褐土

归属与分布

主要分布在中部天山和东部天山北坡各林场和西部山地的巴尔鲁克山林区，一般海拔较低，多在 1 600～2 400 m。

土壤类型　厚层灰褐土

主要性状

该土种母质多为坡积黄土状物质，土层厚度均在 1 m 左右，剖面发育良好，层次分异明显，剖面为 As-Ah-AB-Bk-Ck 型。表层的枯枝落叶极少，并很薄，多不超过 1 cm，其下半腐解的腐殖质层多以草根为主，并交织盘结，腐殖质层厚度一般为 15～30 cm，多呈黑褐或棕褐色，具粒状或团块状结构。剖面中下部颜色较浅，而在剖面中上部黏粒含量明显较高，一般在 60 cm 以下开始出现钙积层，碳酸钙含量为 10 % 以上，剖面上部土壤多呈中性反应，而中下部则成微碱性或碱性反应。土体化学组成分析表明，硅、铁、铝氧化物含量以中部较高，分子比率从上自下逐渐增大。

典型剖面

As 层：0～15 cm，褐棕色，表层有少量枯枝落叶，大量草根交织盘结，细土含量少。

Ah 层：15～38 cm，棕褐色，壤质黏土，团粒状结构，稍紧实，有白色假菌丝体。

AB 层：38～72 cm，暗棕黄色，壤质黏土，夹少量砾石，团块状结构，稍紧实，少量根系。

Bk 层：72～90 cm，灰白色，砂质黏壤土，夹少量砾石，块状结构，稍紧实，石灰反应强。

Ck 层：90～115 cm，浅灰黄色，砂质壤土，夹有较多砾石，块状结构，紧实，石灰反应强。

生产性能综述

该土种林木长势好，树木高大，出材率高，但目前大部分已被砍伐，实有林木很少，地面大都逐渐呈草原化。因此，从保护森林出发，从长远着想，应该重视对森林的抚育更新工作，要留足母树，加快育林造林，特别是抓紧对采伐迹地的更新造林工作。

4.1.2 中度生草灰褐土

土种 中度生草灰褐土

亚类 灰褐土

土属 生草灰褐土

归属与分布

主要分布在中部天山北坡，巴尔鲁克山各林场的采伐迹地和火烧迹地上以及一些疏林地，天山北坡海拔 1 600～2 800 m，巴尔鲁克山海拔 1 400～2 200 m。

土壤类型 中度生草灰褐土

主要性状

该土种母质为砂砾岩风化的坡积物，层次分异明显，剖面为 As-Ah-AB-Bk-Ck 型。草根层厚 5～10 cm，表面有极少量枯枝落叶，褐色的腐殖质层厚 20 cm 以上，可见较多的腐烂残根，以下土层颜色均减淡，一般在剖面中部黏粒含量较高，土体化学组成分析表明硅、铁、铝氧化物也以剖面中部稍高。一般从表层起就有微弱的石灰反应，向下渐强，到 50 cm 以下形成明显的钙

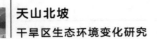
积层。盐基饱和度很高，一般为 70 %～90 %，土壤 pH 值 7～8.5，上中层为中性，下层为微碱性反应。

典型剖面

As 层：0～9 cm，生草层，草根盘结。

Ah 层：9～57 cm，黑褐色（干，7.5YR3/2），壤土，团块状结构，松，多量根系。

AB 层：57～66 cm，灰黄土（干，10YR7/2），粉砂质黏壤土，片状结构，少量根系，有石灰反应。

Bk 层：66～96 cm，淡黄色（干，2.5Y7/3），黏壤土，夹少量砾石，片状结构，石灰反应强。

Ck 层：96 cm 以上，砂质壤土，夹有砾石，石灰反应强。

生产性能综述

该土种上的林木因大量砍伐后又未及时更新，因而使生草过程多较强烈，目前天然更新十分困难，这对山区涵养水源，维持必要的生态系统是很不利的。由于森林的破坏，在暴雨冲刷下，水土流失开始发生，为此要积极开展森林采伐迹地的人工更新，并确保成活、成林、迅速恢复森林覆盖率。

4.1.3 砾质棕黄土

土种 砾质棕黄土

亚类 棕钙土

土属 灌耕棕钙土

归属与分布

主要分布在塔城盆地、托里谷地、和布克赛尔谷地以及沙湾、温泉、乌鲁木齐、吉木乃、哈巴河、巴里坤等地的山前洪积扇上部以及洪沟两侧地带。面积 190.8 万亩（1 亩≈667 m²，全书同），均系耕地。

土壤类型 砾质棕黄土

主要性状

该土种发育在洪积母质上，土层厚度多在 60～100 cm 以上均混有数量不等的砾石，一般含量 10 %～30 %，剖面为 A11-AB-Bk-C 型。耕作层厚 20 cm左右，部分有弱发育的亚耕层。碳酸钙的沉积较为明显，钙积层出现的深度视土层厚薄而异，土层薄者所在耕作层以下就开始出现，厚者则在 60 cm 以下出现，但大多在 30～50 cm 出现。部分土壤有机质最高含量不是出现在耕作层而出现在亚耕层或过渡层。农化样分析结果统计，土壤有机质含量 1.86 %，全氮 0.114 %（n=350），速效磷 5 mg/kg（n=299），速效钾 222 mg/kg（n=192）。

典型剖面

A11 层：0～25 cm，暗黄棕色，中砾质砂壤土，小块状结构，松，多量根系。

AB 层：25～48 cm，淡黄棕色，中砾质砂壤土，块状结构，松，较多根系。

Bk 层：48～75 cm，灰黄色，少砾质砂壤土，大块状结构，紧实，少量根系，有多量钙板。

BC 层：75～100 cm，淡黄色，在砾质砂壤土，块状结构，松。

生产性能综述

该土种耕性差，漏水漏肥，开春升温快，发小苗不发老苗，灌溉费水，灌后易板结，产量低而不稳，小麦单产一般在 120 kg 左右。由于土体中含有一定量的砾石，渗水较快，而且在土体干燥时，疏松表土易遭风蚀。在改良利用中，应重视兴修水利，搞好农田的基本建设，通过引洪灌淤培土去砾等措施不断的培肥土壤。要坚持秸秆还田，增施有机肥以及推广草本轮作。同时配合植树造林，改变小气候和改善生态环境。在耕种中，要推广"勤灌轻灌"的灌溉技术。

4.1.4 强生草灰褐土

土种 强生草灰褐土

亚类 灰褐土

土属 生草灰褐土

归属与分布

主要分布在西部天山北坡伊犁林区的巩留、昭苏、新源、特克斯等地以及中部、东部天山北坡的温泉、乌苏、玛纳斯、乌鲁木齐、哈密、巴里坤、伊吾等林区。

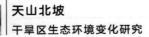

土壤类型 强生草灰褐土

主要性状

该土种母质为砂砾岩风化的坡积物，层次分异明显，剖面为 As-Ah-AB-Bk-Ck 型。原森林土壤表层的枯枝落叶层和半腐解的粗腐质层以基本消失或很不明显，形成了较厚的草根层，草根盘结交织，厚度为 10 cm 以上，在其中可见已腐烂的树枝和腐根。腐殖质层多呈褐色，厚 10～30 cm 不等，在剖面中部，黏粒含量明显高于上下土层，一般在底土层上部，铁、铝、硅氧化物稍有聚集，其含量明显高于上下各层，而且多从表层起就有较明显的石灰反应，在 50 cm 以下，石灰反应强烈，形成明显的钙积层，碳酸钙含量为 15 % 以上。

典型剖面

As 层：0～16 cm，棕褐色，草根交错盘结，有腐烂的枝干和根。

Ah 层：16～26 cm，和棕色，砂质壤土，夹少量砾石，块状结构，多量根系，有石灰反应。

AB 层：26～65 cm，暗棕色，黏壤土，夹多量砾石，块状结构，松，较多根系，有石灰反应。

Bk 层：65～95 cm，灰白色，砂质黏壤土，含多量砾石，石灰反应强烈。

生产性能综述

该土种植被茂密，草层高，是当前较好的牧场之一。但是由于生草化过强，林木的天然更新基本不能成功，人工更新也必须大苗上山，且要加强管理保护。同时该土种多分布于中山带，暴雨频率较大，很容易造成表土层的滑动、崩塌和冲刷，引起水土流失。因此，从保持水土着想，还是以发展林业为好吧，这样可充分利用林木的枝干缓冲暴雨对地面的打击，同时还可起到涵养水源的作用。

4.1.5 壤栗土

土种 壤栗土

亚类 栗钙土

土属 栗钙土

归属与分布

准噶尔西部山地、阿勒泰山的低山带，包括有伊犁地区诸县和塔城、额敏、和布克赛尔、阿勒泰等地的低山区。

土壤类型　壤栗土

主要性状

剖面为 Ah-A-AB-Bk 型。土层厚 60 cm 以上，通体以壤质为主。Ah 层浅而薄，且不明显，一般厚为 5 cm 左右，有机质含量在 3 %～5 %，腐殖质层厚 20～30 cm 淋溶过渡层呈黄色或棕色，厚 25～30 cm 钙积层多出现在 45 cm 以下，厚 20～30 cm，高者 40 cm 以上，碳酸钙含量 15 % 左右，结构面上多有较多的钙盐斑点或脉纹，较紧实，石灰反应极其强烈。农化样分析结果统计，土壤有机质含量 3.11 %，全氮 0.152 %（n=238），速效磷 6 mg/kg，速效钾 285 mg/kg（n=229）。

典型剖面

Ah 层：0～4 cm，暗栗色，轻壤土，屑粒状结构，较紧，多量根系。

A 层：4～24 cm，栗色，砂砾质轻壤土，屑粒状结构，较紧，多量根系。

AB 层：24～45 cm，暗黄灰土，轻壤土，小块状结构，紧实，少量根系，较多假菌丝体。

Bk 层：45～58 cm，黄灰色，轻壤土，块状结构，紧实，少量根系，较多假菌丝体。

Ck 层：58～75 cm，淡黄色，轻壤土，块状结构，紧实，极少根系。

生产性能综述

该土种目前是主要的牧用土壤之一，由于气候趋于干旱，多以干草原植被为主产草量较低，适宜作为春秋牧场。在草场利用中，应使利用与保护、改造结合起来，建立定居轮牧制度，合理利用，科学规划，划区轮牧，防止草场的退化，巩固和提高其草场生产能力。

4.1.6　中层砂砾土

土种　中层砂砾土

亚类　栗钙土

土属　耕种栗钙土

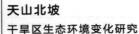
归属与分布

主要分布在哈巴河、吉木乃、富蕴、裕民、托里等地的山前缓坡上。面积 49.54 万亩，均系耕地。

土壤类型　中层砂砾土

主要性状

该土种发育在坡积-残积母质土上，土层厚度 30～60 cm，均含有 10 % 以上的砾石，细土则多以沙壤或轻壤土为主，剖面为 A11-AB-Bk-C 型。耕作层发育明显，厚 15～20 cm，有机质含量为 3 %～4 %，残留的淋溶过渡层仍较清晰，但其全部或下部往往已形成钙积层，碳酸钙一般在 30～40 cm 以下大量沉淀，其含量为 10 %～15 %，可见明显的钙积斑块或斑点。整个土层有机质变化较平缓，农化样分析结果统计，土壤有机质含量 3.44 %（$n=35$），全氮 0.21 %（$n=45$），速效磷 12 mg/kg（$n=32$）。

典型剖面

A11 层：0～15 cm，灰黄棕色，轻壤土，含砾石 40.1 %，小块状结构，紧，植物根系多。

AB 层：15～22 cm，暗黄棕色，轻壤土，含砾石 38 %，小块状结构，紧，植物根系多。

Bk 层：22～40 cm，淡棕色，轻壤土，含砾石 65.5 %，块状结构，极紧，根系少，有钙积斑块。

C 层：40 cm 以下，砾石层。

生产性能综述

该土种养分含量较高，通透性较好，但海拔高，气温低，无霜期较短，目前仅种春麦等喜凉作物。因土层较薄，并含有较多的砾石，造成耕作粗放，杂草丛生，小麦单产低而不稳，一般单产仅 100 kg 左右。在改良利用上要因地制宜，部分坡度较大、土层厚度不到 50 cm 的，可考虑退耕还牧，土层较厚，具有一定灌溉条件的，应选用良种，增施肥料，蓄水保墒实行等高种植和粮草带状轮作。护土防蚀，提高其生产水平。

4.1.7　砾质栗黄土

土种　砾质栗黄土

亚类 淡栗钙土

土属 淡栗钙土

归属与分布

主要分布在昆仑山北坡中山带和天山南坡以及北塔山的低山带，其分布区在南疆西部可上升到海拔4 000 m以上的亚高山中，北疆北部则处于海拔850 m的低山带。

土壤类型 砾质栗黄土

主要性状

该土种成土母质多为坡积-残积物和砾质洪积物，土层厚度一般小于1 m，且含有20 %以上的砾石，剖面为A-Bk-C型。腐殖质层厚度一般在10 cm左右，多呈浅栗色或棕灰色，有机质含量2 %～3 %，其下为过渡层，厚度多小于20 cm。因土壤淋溶作用不显著，全剖面均有明显石灰反应，在剖面30～50 cm处，碳酸钙大量沉淀形成钙积层。底土层多有石膏聚积。农化样分析结果统计，土壤有机质含量3.01 %，全氮0.148 %，速效磷11 mg/kg，速效钾233 mg/kg（n=4）。

典型剖面

A层：0～9 cm，灰棕色，轻壤土，片状结构，紧实，多量根系。

AB层：9～35 cm，棕黄色，砾质砂壤土，屑粒状结构，极紧，多量根系，砾石表面有石灰斑。

Bk层：35～40 cm，浅黄色，多砾质中壤，块状结构，极紧，少量根系，多量石灰斑。

C层：40～80 cm，红棕色，砾石土，极紧，少量根系，多量石灰斑。

生产性能综述

该土种目前为牧用土地资源，植被为山地草原类型，是主要的夏季牧场。但近几十年来因过度放牧，植被在未被恢复以前又被踏坏，从而使覆盖率越来越小，有害杂草大量繁殖，也使草场的草质变差。为了保证牧业生产的发展，同时又要使草场得到较好的恢复，因此，必须进行有效的改造和利用，进行分片划区，分区分片放牧，不可超载，也不可在一块草场上放牧，以保证草场得到较好的保护和利用。在可能的条件下，可对草场进行灌溉，促使牧草的生长。

4.1.8　棕黄板土

土种　棕黄板土

亚类　棕钙土

土属　灌耕棕钙土

归属与分布

主要分布在塔城、吉木乃、福海、青河、温泉、乌鲁木齐市等地山前冲积-洪积扇中下部以及丘间或扇间洼地。面积 77.43 万亩，均系耕地。

土壤类型　棕黄板土

主要性状

该土种发育在洪积-冲积母质上，土层厚度多为 1～1.5 m，剖面分化明显，为 A11-A12-Bk-C 型。土壤颗粒一般较细，尤以剖面上部土壤物理性黏粒含量常高达 40 % 或更高，土壤结实紧，可塑性大。耕作层厚度多在 20 cm 以上，亚耕层发育明显。通体均较湿润，多从表层就有石灰反应，各层次间碳酸钙含量差异不显著，钙积层多不明显，只是在距地面 30 cm 左右碳酸钙含量略有增加。农化样分析结果统计，土壤有机质含量 1.62 %，全氮 0.098 %（n=184），碱解氮 67 mg/kg（n=149），速效磷 5 mg/kg，速效钾 179 mg/kg（n=156）。

典型剖面

A11 层：0～23 cm，暗黄灰色，重壤土，粒块状结构，较紧实，根系多，石灰反应弱。

A12 层：23～36 cm，暗黄棕色，重壤土，似板块状结构，紧实，根系较多，石灰反应较强。

Bk1 层：36～58 cm，淡灰棕色，重壤土，小块状结构，较紧实，根系较多，石灰反应强。

Bk2 层：58～85 cm，灰黄色，中壤土，块状结构，较松。根系较少，石灰反应强。

BC 层：85～111 cm，黄棕色，中壤土，小块状结构，较紧实，根系少，石灰反应弱。

生产性能综述

该土种质地黏重，土层深厚，潜在肥力一般就较高，且保水保肥，但耕性差，适耕期短，尤以灌水以后土壤多较板结，平时坚硬犁不动，湿时拉泥条黏农具，满地大坷垃。对于这种土壤，根据各地的生产经验，实行二耕一灌（伏耕、秋耕、冬灌），适墒播种，抓住全苗，尚可获得较高产量，加速土壤熟化，充分发挥其增产潜力。

4.1.9 砾质棕黄土

土种 砾质棕黄土

亚类 棕钙土

土属 灌耕棕钙土

归属与分布

主要分布在塔城盆地、托里谷地、和布克赛尔谷地以及沙湾、温泉、乌鲁木齐、吉木乃、哈巴河、巴里坤等地的山前洪积扇上部以及洪沟两侧地带。面积 190.8 万亩，均系耕地。

土壤类型 砾质棕黄土

主要性状

该土种发育在洪积母质上，土层厚度多在 60～100 cm 以上均混有数量不等的砾石，一般含量 10 %～30 %，剖面为 A11-AB-Bk-C 型。耕作厚层 20 cm 左右，部分有弱发育的亚耕层。碳酸钙的沉积较为明显，钙积层出现的深度视土层厚薄而异，土层薄者所在耕作层以下就开始出现，厚者则在 60 cm 以下出现，但大多在 30～50 cm 出现。部分土壤有机质最高含量不是出现在耕作层而出现在亚耕层或过渡层。农化样分析结果统计，土壤有机质含量 1.86 %，全氮 0.114 %（$n=350$），速效磷 5 mg/kg（$n=299$），速效钾 222 mg/kg（$n=192$）。

典型剖面

A11 层：0～25 cm，暗黄棕色，中砾质砂壤土，小块状结构，松，多量根系。

AB 层：25～48 cm，淡黄棕色，中砾质砂壤土，块状结构，松，较多根系。

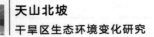

Bk 层：48～75 cm，灰黄色，少砾质砂壤土，大块状结构，紧实，少量根系，有多量钙板。

BC 层：75～100 cm，淡黄色，砾质砂壤土，块状结构，松。

生产性能综述

该土种耕性差，漏水漏肥，开春升温快，发小苗不发老苗，灌溉费水，灌后易板结，产量低而不稳，小麦单产一般在 120 kg 左右。由于土体中含有一定量的砾石，渗水较快，而且在土体干燥时，疏松表土易遭风蚀。在改良利用中，应重视兴修水利，搞好农田的基本建设，通过引洪灌淤培土去砾等措施不断的培肥土壤。要坚持秸秆还田，增施有机肥以及推广草本轮作。同时配合植树造林，改变小气候和改善生态环境。在耕种中，要推广"勤灌轻灌"的灌溉技术。

4.1.10 棕砂土

土种 棕砂土

亚类 淡棕钙土

土属 侵蚀淡棕钙土

归属与分布

主要分布在托里、裕民、额敏等地的冲积-洪积扇中下部以及冲积平原风口风线一带。面积 29.49 万亩，均系耕地。

土壤类型 棕砂土

主要性状

该土中发育在洪-冲积母质上，剖面为 A11-A12（AB）-Bk-C 型。因风长期吹扬，表层细土被蚀，以至地表形成砾石或粗砂，土层厚度薄者 30 cm，厚者 1 m 以上，并夹有小砾石。耕作厚度约 20 cm，砾石含量大多在 20 % 以上，部分为 50 %～70 %，有机质含量一般为 1 %～1.5 %，亚耕层或过渡层发育不明显。碳酸钙在 30 cm 以下明显淀积，呈斑点状分布，含量一般为 5 %～10 %，部分可达 15 %，钙积层厚度 20～30 cm，通体石灰反应较强。农化样分析结果统计，土壤有机质含量 1.33 %（$n=183$），全氮 0.077 %（$n=156$），速效磷 5 mg/kg（$n=135$），速效钾 242 mg/kg（$n=126$）。

典型剖面

A11层：0～21 cm，棕色，多砾质轻壤土，小块状结构，较松，较多根系。

A12层：21～29 cm，黄棕色，多砾质轻壤土，小块状结构，紧实，少量根系。

Bk层：29～62 cm，淡黄棕色，多砾质轻壤土，块状结构，紧实，少量根系，有石灰粉末。

C层：62 cm以下，砾质砂层。

生产性能综述

该土种砂性重，砾石多，部分土层较薄，潜在肥力不高，群众反映"该土漏肥漏水又透气，口太松不耐旱，夜间灌水白天干，风吹庄稼连根拔，小苗老苗都难发"。如1981年4月的一场大风，平均剥蚀土层3 cm左右，地面布满一层砾石，目前小麦单产100～150 kg。但其分布区地下潜水较丰富，埋深仅10 m左右，灌溉水有保证。今后应重视改善农田生态环境和改土培肥工作，应走林网保护、垂直风向粮草带状轮作，以牧为主，牧农结合，牧农林全面发展的路子。合理灌溉，增施有机肥料，推行少耕保墒技术措施，护土防蚀，提高土壤生产能力。

4.1.11 钠碱化棕黄土

土种 钠碱化棕黄土

亚类 碱化棕钙土

土属 钠碱化棕钙土

归属与分布

分布在天山北麓的奇台、木垒、沙湾、托里、吉木萨尔等地的低山丘陵区中下部和山间谷地，多与普通棕钙土呈镶嵌状分布。面积448.64万亩。

土壤类型 钠碱化棕黄土

主要性状

该土种发育在洪积母质上，土层厚度多在1 m以上，部分土体中夹有砾石，剖面为A-Bk-Bn-C型。腐殖质层较薄，厚10～20 cm，有机质含量均大于1%，在剖面中部有明显的碱化层并具有较高的碱化度，碱化厚层

10～20 cm，钠碱化度 10 %～30 %，剖面通体均有石灰反应，钙积层多出现在 20～30 cm，一般厚层 20～40 cm。部分剖面在 50～60 cm 有石膏聚集，并在结构面上可见少量石膏晶体。

典型剖面

A 层：0～18 cm，暗黄棕色，（干，10YR6/3）砂质黏壤土，片状结构，稍紧，多量根系。

AB 层：18～34 cm，暗黄棕色，（干，10YR6/4），砂质黏壤土，块状结构，稍紧，有石灰斑点，中量根系。

Bk 层：34～47 cm，灰白色（干，5Y7/1），砂质黏壤土，块状结构，稍紧，有石灰粉末，少量根系。

Bn 层：47～67 cm，灰黄杂色，砂质黏壤土，紧实，有石灰菌丝体，少量根系。

BC 层：67～100 cm，灰黄杂色，壤质砂土，无明显结构。

生产性能综述

该土种虽然土层较厚，但大多地势较高，又无灌溉水源，农用难度很大，目前均为二等或三等牧用土地资源，仅作为春秋牧场，今后应重视草场基本建设，划区轮牧，同时积极开发人工牧场，改善生态环境，促进牧业生产的发展。

4.1.12　黄灰土

土种　黄灰土

亚类　灌耕灰漠土

土属　黄土状灌耕灰漠土

归属与分布

广泛分布在天山北麓的昌吉、呼图壁、玛纳斯、沙湾、乌苏、精河等地以及新疆生产建设兵团六师、七师的大部分团场，主要位于山前冲积平原的新老绿洲中。面积 307.19 万亩，均系耕地。

土壤类型　黄灰土

主要性状

该土种母质为冲积-洪积物，土层厚度均在 1 m 以上，层理分化明显，剖面为 A11-A12-B-C 型。耕作层呈浅黄色或黄棕色，团块状结构，根系密集，厚 15～25 cm，灌水后往往形成 3～7 cm 厚的板结层，干后龟裂，大多其下有受灌溉水悬移物淀积和耕作机械碾轧而形成的亚耕层，多呈片状或大块状结构，一般较紧实，厚 10 cm 左右，亚耕层以下因灌溉水上下活动频繁，常表现轻微淋溶，在结构面上，特别是虫孔，根孔壁上可见腐殖质-黏粒胶膜，底土层往往有石灰淀积斑纹，且表现较稳定的潮润，结构一般不明显。农化样分析结果统计，土壤有机质含量 0.96 %，全氮 0.055 %（n=386），速效磷 7 mg/kg（n=372），速效钾 321 mg/kg（n=369）。

典型剖面

A11 层：0～15 cm，淡棕灰色（干，5Y7/1），黏壤土，块状结构，稍紧，多量根系，石灰反应强。

A12 层：15～38 cm，棕灰色（干，5Y6/1），黏壤土，大块状结构，紧，有炭屑，少量根系，石灰反应强。

AB 层：38～48 cm，淡棕灰色（干，10YR6/1），壤质黏土，层片状结构，少量细根，有蚯蚓类，石灰反应强。

B1 层：48～65 cm，淡褐灰色（干，10YR5/1），黏壤土，板片状结构，较劲，少量根系，石灰反应强。

B2 层：65～85 cm，淡褐灰色（干，10YR5/1），黏壤土，棱块状结构，较紧，少量根系，石灰反应较强。

B3 层：85～92 cm，淡褐灰色（干，10YR5/1），黏壤土，似板片状结构，紧，石灰反应较强。

C 层：92～100 cm，褐灰色（干，10YR5/1），砂质壤土，弱块状结构，少量砾石，石灰反应较强。

生产性能综述

该土层深厚，质地适中，加之其气候条件优越，适宜种植多种农作物，单产可达上等水平。但其结构不良，土壤多显板结，很易造成农作物减产。此外该土还表现出肥力低，因此，在利用中要坚持培肥，可采用草田轮作或粮豆间作。据测定，种植 3 年苜蓿，相当于土壤增加尿素 15 kg/ 亩，即使在麦收后复播油葵作绿肥，也可使每亩土壤增加纯氮 4 kg，纯磷 2 kg。

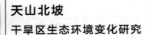
4.1.13 灰漠黄板土

土种 灰漠黄板土

亚类 灌耕灰漠土

土属 黄土状灌耕灰漠土

归属与分布

主要分布在天山北麓冲积-洪积扇中下部积干三角洲平原垄岗地上，面积较大的有博乐、昌吉、阜康和吉木萨尔等地以及新疆生产建设兵团八师部分团场。共 80.37 万亩，均系耕地。土壤类型灰漠黄板土。

主要性状

该土种发育在冲积母质上，土层厚度均在 1 m 以上，质地大多稍黏重，尤其是土体上部，小于 0.01 mm 的物理性黏粒为 30 % 以上，剖面为 A11-B-C 型。耕作层厚 20 cm 左右，多为较紧实的块状结构，孔隙细小，有机质含量 1.5 % 左右，有亚耕作发育，厚 10 cm 左右，多为紧实的板片状结构。一般在心、底土层均可见到脉状石灰斑纹，通体碳酸钙含量 10 % 以上。根据 17 个农化样分析结果统计，土壤有机质含量 1.46 %，全氮 0.079 %，全磷 0.08 %，碱解氮 45 mg/kg，速效磷 2 mg/kg，速效钾 305 mg/kg。

典型剖面

A11 层：0～22 cm，棕黄色，重壤土，块状结构，紧实，孔隙细小，较多根系。

A12 层：22～33 cm，黄棕色，重壤土，板状结构，紧实，较多根系，有脉状石灰斑纹。

B1 层：33～43 cm，黄棕色，中壤土，棱块状结构，紧实，多量根系，有少量脉状石灰斑纹。

B2 层：43～54 cm，黄棕色，重壤土，块状结构，稍紧，有少量脉状石灰斑。

C 层：54～110 cm，棕黄色，砂壤土弱块状结构，稍松，有大量脉状石灰斑。

生产性能综述

该土种由于心土层板结，严重阻碍了水分下渗，加上耕层土壤遇水分散，干后垒结，阻碍根系伸展，农民称为"铁门坎"。因此，必须通过人工深耕打破这个"铁门坎"，以提高土壤的渗透性，尤其在高温少雨的夏季，深翻后的板结土经暴晒后，再经干湿交替可促进原来坚硬土块破碎，还能促进土壤分化和养分释放，并能减轻病虫，杂草危害，增强土壤渗水和蓄水保墒能力。

4.1.14 中砾质漠灰土

土种 中砾质漠灰土

亚类 灰棕漠土

土属 灰棕漠土

归属与分布

主要分布在艾比湖流域较年轻的砾质洪积-冲积扇上和准噶尔盆地东西部边缘。精河、和布克赛尔、克拉玛依等地均有较大面积的分布。

土壤类型 中砾质漠灰土

主要性状

该土种发育在砾质洪积物上，全剖面均以粗骨性石砾和砂为主，细土物质很少，砂石含量为 20 %～40 %，剖面为 Aj-Ak-B-Cy 型。表层为厚 1～2 cm 的孔状结皮，其下为发育较好的棕色紧实层，厚度常不足 10 cm，石灰表层聚积明显，在底土层常有石膏聚积，其性状不一，多呈针状、晶簇状、粗纤维状等，土壤有机质含量极低，多在 0.5 % 以下，风化淋溶系数 1.2～2.5，属弱风化淋溶的基性母质。农化样分析结果统计，土壤有机质含量 0.49 %，全氮 0.032 %，速效磷 5 mg/kg，速效钾 361 mg/kg（n=7）。

典型剖面

Aj 层：0～1.5 cm，淡棕灰色，中砾质砂壤土，稍紧，海绵状孔隙，石灰反应强。

Ak 层：1.5～5 cm，灰棕色，中砾质砂质壤土，块状结构，紧实，石灰反应强。

B 层：5～23 cm，棕色，中砾质砂土，单粒状结构，极少量根系，石灰反应稍强。

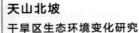

Cy 层：23～40 cm，棕灰色，中砾质砂土，单粒状结构，松散，石灰反应微弱。

生产性能综述

该土种是一种生产性能低下的土壤，普遍存在土层薄，质地粗，砾石多。并且气候干旱，风多风大，植被极少，生物累积作用微弱，因肥力甚低，保水保肥能力差。加之水源奇缺等不利条件，所以在农业上的利用价值不大，部分条件好的也仅能作为辅助性草场，但该土分布区太阳辐射强，光照充足，只要具备水源条件，可以酌情发展林，牧业。在目前主要是积极保护荒漠植被，防止生态系统的进一步恶化。

4.1.15 少砾质漠灰土

土种 少砾质漠灰土

亚类 灰棕漠土

土属 灰棕漠土

归属与分布

主要分布在艾比湖、准噶尔盆地东部边缘的古老冲积-洪积扇的中下部以及乌仑古河南岸古老冲积平原上。

土壤类型 少砾质漠灰土

主要性状

该土种母质多以冲积-洪积物为主，土层厚度多不足 1 m，砾石含量多小于 10 %，剖面为 Aj-A-B-C 型。土壤通体非常干燥，地表为荒漠结皮层，厚 1～4 cm，并混有少量砾石和碎石，多为蜂窝状孔隙，下面为略带红色的片状结构层，厚 5～10 cm，再下为紧实层，厚 10～20 cm，多为核状和块状结构，以下逐渐过渡到母质层，部分在紧实层之下即为母质层，通体石膏含量 3 %～8 %，多呈针状，晶簇状或白色粉末状存在，碳酸钙含量则以分布区不同而异，一般为 5 %～15 %。土体中均有较高的含盐量，一般为 1 %～2 %。根据 3 个农化样分析结果统计，土壤有机质含量 0.55 %，全氮 0.032 %，碱解氮 32 mg/kg，速效磷 5 mg/kg，速效钾 549 mg/kg。

典型剖面

Aj 层：0～1 cm，灰棕色，重砾质重壤土。

A 层：1~8 cm，红棕色，砂土，片状结构，极紧。

B 层：8~25 cm，黄棕色，砂土，核状结构，极紧，大量石膏晶簇。

BC 层：25~50 cm，黄棕色，砂土，单粒状结构，极紧。

生产性能综述

该土分布区光热条件好，砂石含量一般极低，只要解决水源，一般均可开垦农用，在开垦时切忌盲目乱开滥垦，以防土壤风蚀，沙化程度的加剧。由于该土土层大多较薄，尚不能满足作物生长发育的需要，可采用引进灌淤的办法不断加厚土层。在目前最好是充分利用农闲余水，播种耐旱牧草或植树造林，培养人工草地或林地。

4.1.16　灌耕漠灰土

土种　灌耕漠灰土

亚类　灰棕漠土

土属　灰灌耕灰棕漠土

归属与分布

主要分布在精河、巴里坤、伊吾等地以及新疆生产建设兵团五师等地的冲积-洪积扇较平坦的地带。面积 28.71 万亩，均系耕地。

土壤类型　灌耕漠灰土

主要性状

该土发育在冲积-洪积母质上，土层厚度 30~60 cm，部分可达 1 m，多以轻壤和砂壤土为主，并混有极少量砾石，剖面为 A11-B-C 型。耕作层厚 20 cm 以上，有机质含量多在 0.5 %~1 %，部分高者可达 1.5 %，一般较宽疏松，但心土层多较紧实。多数剖面碳酸钙含量上下比较均一，一般底土层略高于表层，底土层石膏聚积比较明显。通体养分含量很低。农化样分析结果统计，土壤有机质含量 0.63 %，全氮 0.037 %，碱解氮 28 mg/kg，速效磷 4 mg/kg，速效钾 153 mg/kg（n=37）。

典型剖面

A11 层：0~25 cm，浅棕灰色，砾质砂壤土，块状结构，松，多量根系。

B 层：25~45 cm，浅棕灰色，砂质砂壤土，块状结构，紧实，多量根系。

C 层：45~85 cm，砂石土，紧实，少量根系。

生产性能综述

该土种大多土层薄，并含有砾石，有机质和各种养分含量很低，光热条件好，在客土培肥措施得当时，发展瓜果生产仍是可行的。目前在有条件的地方可采用引进灌淤的办法加厚土层逐步改良。同时还需防止水土流失，强化土壤的培肥工作，可采用广种苜蓿等绿肥和增施有机肥的办法。对于难度较大的也可考虑退耕植树，发展林业生产。

4.1.17 盐化洪淤土

土种 盐化洪淤土

亚类 新积土

土属 引洪新积土

归属与分布

主要分布在墨玉、巴州若羌、博乐。面积 0.3 万亩，均系耕地。

土壤类型 盐化洪淤土

主要性状

该土种母质为引进淤积物，淤积物厚 50 cm，沉积层埋深及淤积斑块清晰可见，多为黄褐色壤质土，其下为棕黄色的埋葬层，剖面分化不明显，为 A11-C1-C2-Cb 型。土壤通体含盐，特别是埋藏层含盐量接近 1%，多属轻-中盐化土，盐分组成多以硫酸盐为主。洪淤层碳酸钙含量上下层一般变化不大，分布比较均匀，而埋藏层多呈上少下多。有机质含量洪淤层多为 0.8%～1.2%，部分剖面洪淤层有机质含量低于埋藏层。

典型剖面

A11 层：0～14 cm，黄褐色，中壤土，块状夹不明显片状结构，极紧，多量根系。

C1 层：14～30 cm，黄棕色，中壤土，块状夹片状结构，紧实，较多根系。

C2 层：30～49 cm，黄褐色，中壤土，板片状结构，紧实，较多根系。

Cb1 层：49～67 cm，棕黄色，中壤土，团块状结构，紧实，较多根系，少量盐斑。

Cb2 层：67～104 cm，浅棕黄色，中壤土，块状结构，紧实，少量盐斑。

生产性能综述

该土种所处地光热资源较优，排灌条件好，质地适中，但土壤熟化程度低，含盐重，有机质及氮、磷元素也较贫乏，目前多种植小麦，一年一熟，亩产 200 kg 左右。今后应充分利用较为丰富的光热资源和夏季洪水套种或复播一茬绿肥，秋耕冬灌冻垡，加速土壤熟化。同时应增施有机肥，严禁打水浸灌，防止地下水位上升造成洪淤层的次生盐渍化。

4.1.18　荒漠砾质土

土种　荒漠砾质土

亚类　钙质石质土

土属　钙质石质土

归属与分布

广泛分布于北疆的低山、丘陵和南疆中低山带的丘顶、山脊、阳坡和半阳坡。面积 30.18 万亩。

土壤类型　荒漠砾质土

主要性状

该土种母质为残积物，属于处在初期发育阶段的薄层土土层厚度大多不足 10 cm，剖面为 A-R 型。地面布满碎石，A 层发育极弱，厚度仅 3～10 cm，且粗骨性特强，有机质含量小，于 1%，有明显石灰反映，pH 值 8～8.5，其下即为坚硬的基石（R）岩石缝隙中有少量细土，多呈强石灰反应，石块表面可见到石膏及石灰新生体，一般仅在表层有极少量植物根系。

典型剖面

A 层：0～3 cm，棕灰色，表层有厚约 1 cm 的淡棕灰色结皮层，以下为多砾质轻壤土，块状结构，较紧，多中小孔隙，干燥，有极少量植物根系，石灰反应明显。

R 层：3 cm 以下，为初步崩解的坚硬基岩，石缝里有少量细土和石膏新生体，碎石表面有碳酸钙包膜，石灰反应较强。

生产性能综述

该土种土层浅薄、贫瘠，加之气候干旱，植被极为稀疏，不仅无农业利用价值，林、牧业利用价值也极低，只适宜用作铺路，及其他建筑材料。今

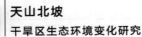
后主要是保护好植被，防止水土流失。

4.1.19　高山砾质土

土种　高山砾质土

亚类　钙质石质土

土属　钙质石质土

归属与分布

广泛分布于新疆陡峭的高山及亚高山阳坡和山脊上。面积 12 732.75 万亩。

土壤类型　高山砾质土

主要性状

该土种母质为残积物，属于处在初期发育阶段的薄层土，土层厚度小于 10 cm 剖面为 A-R 型。地表多碎石片，石块上长有红棕色或灰绿色地衣，A 层厚度小于 10 cm，有机质含量多大于 1 %。高者可达 10 %，粗骨性很强，碳酸钙含量 3 %～10 % 不等，pH 值 7.5～8.5。浅薄的 A 层之下即为坚硬的基岩，岩石面上可见石灰新生体，部分地区因侵蚀严重，使 A 层往往不存在。

典型剖面

A 层：0～9 cm，褐棕色，含大量角砾石细土部分为粗砂土，无明显结构，较紧，多量植物根系密集交织，石灰反应微弱。

R 层：9～30 cm，初步崩解的大块母岩，石缝中有少量细土物质和植物根系，石灰反应强，在缝隙两边的岩石上有很薄的石灰膜淀积。

生产性能综述

该土种处于高寒坡陡，土层浅薄且粗骨性强，水土流失严重，目前应休养生息，植被恢复后也只能适度放牧。

4.1.20　钙质砾土

土种　钙质砾土

亚类　粗骨土

土属　粗骨土

归属与分布

广泛分布于新疆以物理风化为主且遭侵蚀的石质山地的丘顶、山脊和阳坡、半阳坡。面积 27.12 万亩。

土壤类型　钙质砾土

主要性状

该土种母质为残积物，剖面发育很弱，系在出其发育阶段的薄层土，剖面为 A-C 型地表多角砾石，砾石上有多量地衣，A 层厚度很少超过 10 cm，并含有大量砾石，有多量植物根系，在薄 A 层之下即为稍厚的松散粗骨性风化碎屑岩层，其土体均有不同程度的石灰反应，无淀积层发育，部分地表侵蚀严重的地方 A 层已被蚀去。

典型剖面

A 层：0～10 cm，棕褐色砾石土，植物根系多，细土部分为粗砂土。

C 层：10～31 cm，暗棕色粗砂和角砾，含大量碎石块，和小砾石，石块背面有碳酸钙膜积淀，石灰反应明显，再下为基岩。

生产性能综述

该土种土层浅薄粗骨性极强，植被稀疏矮小，水土流失严重。今后可在加强水土保持的前提下适度放牧，在中低山带可有计划地实行封山育草，动员组织牧区劳动力有步骤地绿化荒山荒坡。可利用自然地势开挖水平浅沟拦截山区降水，或融雪形成的地表径流，选择抗旱耐瘠、根系发达的适生植物，沿沟种草，沟底种植小灌木或半灌木，草木长成后，既能涵养水源，保持水土，又能提高草场载畜量。

4.1.21　灰黑底锈土

土种　灰黑底锈土

亚类　石灰性草甸土

土属　灌耕石灰性草甸土

归属与分布

主要分布在北疆的伊犁、博州、奎屯、阿勒泰部分地区的河阶地、冲积扇扇缘地带上。面积 50.94 万亩，均系耕地。

土壤类型　灰黑底锈土

主要性状

该土种发育在冲击母质上，地下水埋深多在 1～2 m，土层厚度均在 1 m 以上，剖面为 A11-Cu 型，耕作层十分明显，厚 20 cm 左右，色泽多呈暗灰色或浅灰色，以粒状或团块状结构为主，有机质含量一般在 4%～6%，耕作层以下有机质含量变化多较迅速。部分剖面在心、底土层中可见少量盐晶，一般在心土层下部或底土层中均可见少到中量的锈纹锈斑，部分有砾浆或潜育斑块，其碳酸钙含量随分布区不同而异，低的在 1% 左右（阿勒泰地区）高的在 20% 左右（博州），即由东向西逐步升高。农化样分析结果统计，土壤有机质含量 4.9%。全氮 0.252%，碱解氮 134 mg/kg（$n=145$）速效磷 8 mg/kg（$n=161$），速效钾 399 mg/kg（$n=399$）。

典型剖面

A11 层：0～23 cm，栗色，中壤土，团块状结构，松，中量根系。

AC 层：23～44 cm，棕灰色，中壤土，核状结构，紧实，少量根系，少量盐晶。

C 层：44～69 cm，浅棕灰色，中壤土，团块状结构，极紧，少量根系。

Cu 层：69～100 cm，灰棕色，重壤土，块状结构，极紧，少量根系，中量沙浆和锈斑。

生产性能综述

该土种所处地地势平坦，土层深厚，潜在肥力高，且保水保肥，后劲足，适种性较广。但同时也具有垦前土壤的部分弊病，如土体潮湿阴凉，杂草丛生等。目前小麦单产一般在 200 kg 左右。该土改良重点是降低地下水位，提高土壤湿度。一般可采用伏耕晒垡，合理灌溉等方式促使土壤进一步熟化，同时要科学施用化肥，尤其要重视磷肥的使用。

4.1.22　夹砂锈黄土

土种　夹砂锈黄土

亚类　石灰性草甸土

土属　灌耕石灰性草甸土

归属与分布

主要分布在南疆的克州、阿克苏、巴州以及北疆博州的部分河阶地、河滩地上，多呈零星状分布。面积1.16万亩，均系耕地。

土壤类型 夹砂锈黄土

主要性状

该土种发育在冲积母质上，土层厚度多在1 m以上。剖面为A11-Cu型。耕作层深厚20 cm左右，以黄棕色为主，团块或团粒状结构，有机质含量为1%～2%，均为壤质土，一般在心土层下部和底土层上部，往往出现一层大于10 cm厚的砾土层，最厚的可接近40 cm，在底土层中均有锈纹锈斑，质地以壤质土为主。通体含水量高，均有明显的石灰反应，碳酸钙含量为2%～15%。农化物分析结果统计：土壤有机质含量1.5%，全氮0.081%，碱解氮71 mg/kg，速效磷2 mg/kg，速效钾140 mg/kg（$n=9$）。

典型剖面

A11层：0～25 cm灰色，轻壤土，碎块状结构，较紧实，多量根系，石灰反应弱。

C1层：25～45 cm。浅灰棕色，中壤土，片状结构，紧实，中量根系，石灰反应极弱。

C2层：45～70 cm，浅棕灰色，细砾土，单粒状结构，松，中量根系，少量锈斑，无石灰反应。

Cu层：70～100 cm，棕灰色，中壤土，块状结构，紧实，少量根系，中量锈斑，石灰反应弱。

生产性能综述

该土壤土层深厚，耕层质地适中，耕性，通透性较好，但其熟化程度一般偏低，土壤肥力较差，尤其是土壤磷素严重不足。而且又因砾土层的存在，造成漏水漏肥，极不利于深根作物生长，并有盐渍化的威胁。因此，其改良重点是培肥土壤，降低地下水位，因土种植，实行草粮轮作。有条件的可引洪淤砾，配合大量施用农家肥，增加上部土层厚度，促使夹砾层下移。

4.1.23 灌耕重氯锈灰土

土种 灌耕重氯锈灰土

亚类 石灰性草甸土

土属 灌耕石灰性草甸土

归属与分布

主要分布在南疆喀什的叶尔羌河流域和巴州尉犁县塔里木河冲积平原以及北疆博州艾比湖边缘和其他冲积平原的低平洼地上。面积 6.96 万亩，均系耕地。

土壤类型　灌耕重氯锈灰土

主要性状

该土种发育在冲积母质上，个别也有发育在湖积母质上的，地下水埋深 1.5～2 m，土层较深厚，剖面为 A11-Cu 型。地表有盐霜或盐斑，部分有约 1 cm 厚的盐结皮，耕作层厚 20 cm 左右，有机质含量变幅较宽。低者小于 1%，高者可达 2%，部分剖面心土层就有锈纹锈斑，底土层中锈斑较多。土体潮湿，盐分含量高，0～60 cm 土体平均含盐量为 0.7%～1%，盐分组成以氯化物为主，绝大部分具有明显的表层聚积。通体均有石灰反应，碳酸钙含量 5%～15%，一般是土体上部含量高，向下逐渐减少。农化样分析结果统计，土壤有机质含量 0.27%，全氮 0.078%，碱解氮 54 mg/kg，速效磷 7 mg/kg（ *n*=39 ），速效钾 351 mg/kg（ *n*=29 ）。

典型剖面

A11 层：0～17 cm，浅灰棕色，中壤土，团块状结构，紧实，中量根系。

AC 层：17～27 cm，浅灰棕色，中壤土，块状结构，紧实，中量根系。

C 层：27～45 cm，浅黄色，黏土，片状结构，紧实，中量根系。

Cu 层：45～100 cm，黄灰棕色，砂壤土，小块状结构，松，少量根系，有锈纹锈斑。

生产性能综述

该土种地势低，排水困难，土体潮湿，含盐量高，对农作物危害大，常导致作物缺苗多，生长差，玉米，小麦单产仅 50 kg 左右。因此，对该土需进行综合改良，首先要建立健全排灌系统，进行排水洗盐。其次要平整土地，种植一些养地作物，培肥土壤，以加速土壤均衡脱盐，达到缓冲盐分对作物的毒害。在部分水源较充裕的地方，也可实行旱作改水作，进行种稻洗盐。

4.1.24　黑沼土

土种　黑沼土

亚类　泥炭沼泽土

土属 泥炭沼泽土

归属与分布

主要分布在伊犁的昭苏盆地、巴州博湖、博州等地，多位于湖滨区泉水溢出带上。面积 5.32 万亩，均系耕地。

土壤类型 黑沼土

主要性状

该土种母质多为湖积物，部分为冲积物，剖面为 A11-A12-Cu-G 型。耕作层一般厚 25 cm 左右，褐色或栗色，多为壤质土，砾块状结构，容重为 1 g/cm³。亚耕层多较紧实，开垦时被烧的泥炭余烬火灰多被风刮走或水冲走。局部耕作层下可见残余的灰黄色泥炭层，心土层内锈纹锈斑较多，底土层为青灰色或灰白色的潜育层，部分出现砾浆甚至砾浆层。农化样分析结果统计，土壤有机质含量 5.89 %（n=69），全氮 0.277 %（n=71），碱解氮 146 mg/kg（n=50），速效磷 10 mg/kg（n=75），速效钾 243 mg/kg（n=73）。

典型剖面

A11 层：0～25 cm，暗褐色，重壤土，块状结构，松，多量根系，石灰反应强。

A12 层：25～37 cm，褐色，重壤土，块状结构，紧实，多量根系，石灰反应强。

Cu 层：37～70 cm，灰黄色，轻黏土，团块状结构，紧实，多量根系，较多锈斑，石灰反应强。

Cg 层：70～90 cm，蓝灰色，轻黏土，块状结构，紧实，少量锈斑，多量潜育斑，石灰反应强。

生产性能综述

该土种经人为耕种后土壤有机质等含量有所下降，但其仍具有较好的供肥能力，含盐轻，土质疏松，孔隙度较高，已逐渐向潮土方向发展。一些初耕地泥炭层尚未消除的，要加强耕作措施，采用引洪灌淤或客土等办法增加耕层土壤厚度。熟化较好的黑沼土，应注意防止肥力下降，酌情增施化肥，合理利用。同时要注意排水，降低地下水位，伏耕晒垡，促进土壤熟化。

4.1.25 中硫盐化灰沼土

土种 中硫盐化灰沼土

亚类 盐化沼泽土

土属 硫酸盐盐化沼泽土

归属与分布

主要分布在阿克苏、巴州、喀什、博州、克拉玛依等地，另在塔城、昌吉、伊犁也有少量分布，多位于扇缘地、河阶地、湖滨区和冲积平原下部。面积 12.05 万亩，均系耕地。

土壤类型 中硫盐化灰沼土

主要性状

该土种母质为冲积物，部分为湖积物，地下水埋深 1 m 左右，地表多有盐霜或盐斑，剖面为 A11-A12-Cu-Cg 型。耕作层厚 20 cm 左右，栗色或灰色，质地多壤质，粒块状结构居多，容重多在 1 g/cm³ 左右，比较疏松。其下发育较弱的亚耕层，厚约 15 cm，多为块状、片状结构，心土层和底土层多有潜育斑，也有多量锈斑，质地变化较大，黏重的干时常有垂直裂缝。通体均很潮湿，并含有较多盐分，0～60 cm 土体含盐量为 0.6 %～1.2 %，盐分组成以硫酸盐为主，表层聚积明显。农化样分析结果统计，土壤有机质含量 3.46 %，全氮 0.181 %（*n*=145），碱解氮 46 mg/kg（*n*=141），速效磷 5 mg/kg（*n*=142），速效钾 366 mg/kg（*n*=144）。

典型剖面

A11 层：0～23 cm，栗色，轻壤土，团块状结构，松，中量根系。

A12 层：23～40 cm，栗色，轻壤土，板片状结构，极紧实，少量根系。

Cu 层：40～76 cm，棕灰色，重壤土，板片状结构，紧实，多量根系，有锈斑和少量砂姜。

Cg 层：76～135 cm，深棕灰色，重壤土，粒状结构，紧实，中量根系，少量锈斑和砂姜，有潜育斑块。

生产性能综述

该土种具有较高的潜在肥力，但其地下水位较高，土体阴凉并有盐碱危害，很不利于作物生长。所以在改良利用时，应以降低地下水位，建立健全排水系统和消除盐碱为主。配合深耕晒垡，合理轮作。多施熟性肥料，加强农田基本建设，巩固和提高土壤肥力。

4.1.26　白盐土

土种　白盐土

亚类　典型盐土

土属　硫酸盐典型盐土

归属与分布

主要分布在喀什、塔城、昌吉、哈密、阿克苏、博州等地，多位于山前倾斜平原下部及冲积平原下部。面积 1 740.93 万亩。

土壤类型　白盐土

主要性状

该土种母质为洪积-冲积物，地下水埋深 2～3 m，地表植被稀疏或无植被，剖面为 Az-Cz 型。地面起伏不平，有的地表有少量植物残体，地表多有盐结皮，厚 1～5 cm，在结皮层以下多为松散的盐土混合层，可见白色盐结晶。在心土层和底土层交界处，盐斑密集，底土层下面则逐渐减少。全土层植物根系少，表土层有机质含量 1 % 左右，以下土层均低于 1 %。土壤盐分含量高，0～60 cm 土体平均含盐量一般均在 10 % 以上，盐分表聚明显，盐分组成以硫酸盐为主。农化样分析结果统计，土壤有机质含量 0.78 %（n=149），全氮 0.043 %（n=92），碱解氮 32 mg/kg（n=150），速效磷 7 mg/kg（n=132），速效钾 329 mg/kg（n=95）。

典型剖面

Az1 层：0～3 cm，灰白色，中壤土，盐结皮，紧实。

Az2 层：3～7 cm，棕黄色，中壤土，结构不明显，松，有大量盐晶和盐末。

Cz1 层：7～35 cm，棕黄色，中壤土，核状结构，松，大量盐晶。

Cz2 层：35～60 cm，黄褐色，重壤土，团块状结构，紧实，少量根系，中量盐晶。

Cz3 层：60～110 cm，棕黄色，中壤土，团块状结构，紧实，少量根系，

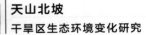

中量盐晶。

生产性能综述

该土种地下水位较高，矿化度大，积盐重，且土壤贫瘠。因盐分组成以 Na_2SO_4（芒硝）为主，溶解度较低，改良时不易脱盐，利用比较困难，但对植物危害略小。垦殖时在有效控制地下水位后，可采用大水冲洗或种稻洗盐的办法加以改良，同时加强培肥。

4.1.27　黄盐土

土种　黄盐土

亚类　典型盐土

土属　苏打硫酸盐典型盐土

归属与分布

主要分布在巴州、博州、阿勒泰地区，多位于冲积-湖积平原远离河水淡化带的地段，面积 73.77 万亩。

土壤类型　黄盐土

主要性状

该土种母质为冲击物或湖积物，地下水埋深 2～5 m，部分仅有稀疏泌盐植物，大部分为不毛之地，剖面为 A-C 型。地表一般有盐结皮，全土层植物根系很少，土壤含盐量很高，0～60 cm 土体平均含盐量为 10 % 以上。且表土层含盐量为 30 %～50 %，心土层底土层含盐量一般在 2 %～4 %，在盐分组成上以硫酸盐为主，但伴有较多的碳酸根和重碳酸根，即有明显的苏打化。土壤表层有机质含量随母质不同变化较大，一般为 2 %～3 %。

典型剖面

采自精河县永集湖区青疙瘩，海拔 300 m，母质为湖积物，年均温 7.3 ℃，年降水量 90.6 mm，≥10 ℃年积温 3 557.4 ℃，无霜期 178 d。仅有极少量芦苇，多未利用。

A11 层：0～2 cm，盐结皮，较硬。

A12 层：2～8 cm，盐土混合，轻壤土，松。

C11 层：8～53 cm，棕色，黏土，块状结构，稍紧实，中量根系，有少量盐斑。

C12 层：53～70 cm，黄棕色，轻壤土，块状结构，较紧，少量根系，有盐晶。

C13 层：70～91 cm，棕黄色，轻壤土，块状结构，较紧，少量根系。

生产性能综述

该土种积盐重，并还有苏打，一般较难改良。如要开垦，需健全排水系统，严格控制地下水位上升，以防土壤在脱盐过程中产生次生盐化而使苏打化加剧，并引起土壤碱化。同时还需加强生物改良措施和培肥土壤。

4.1.28 青盐土

土种 青盐土

亚类 沼泽盐土

土属 苏打氯化物沼泽盐土

归属与分布

主要分布在博州、塔城、巴州、吐鲁番、阿克苏等地，均位于湖滨洼地。面积 139.14 万亩。

土壤类型 青盐土

主要性状

该土种母质为湖积物，地下水埋深均在 2 m 以内，质地多黏重，剖面为 A-C 型。地表多呈灰色，并有较多盐霜，表土层色泽通常较暗，有多量植物根系，腐殖质积累明显，其有机质含量为 3 %～5 %，在腐殖质之下紧接就是青灰色潜育层，通体潮湿，盐分含量较高，表土成含盐量可达 10 %，盐分表聚明显，土壤盐分组成中，除以氧化物为主外，还有较多的碳酸根和重碳酸根。农化样分析结果统计，土壤有机质含量为 4.34 %，全氮 0.178 %，碱解氮 117 mg/kg（n=3），速效磷 19 mg/kg，速效钾 784 mg/kg（n=4）。

典型剖面

采自精河县九〇团 FN14 大地点北 800 m 处，位于艾比湖边，海拔 200 m，母质为湖积物，地下水埋深 0.15 m。年均温 6.7 ℃，年降水量 123.5 mm，≥10 ℃年积温 3 522 ℃，无霜期 185 d。植被以芦苇为主，现一般为牧业用地。

A11 层：0～4 cm，蓝灰色，重壤土，结构不明显，松，多量根系。

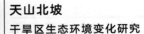
A12 层：4～10 cm，褐色，中壤土，块状结构，松，多量根系。

C 层：10～15 cm，蓝灰色，中壤土，块状结构，松，多量根系，多量潜育斑。

生产性能综述

该土种地下水位高，含盐重，并有苏打反应，排除也很困难，一般难以农用，目前多做放牧地，部分可植树或培植芦苇，待湖泊干涸水位下降，可酌情开垦利用一部分。从多年实践经验看，发展芦苇或植树，无论从经济效益和生态效益看，都较开垦农用更有利。

4.1.29 灰黄土

土种 灰黄土

亚类 灰灌漠土

土属 黄土状灌漠土

归属与分布

主要分布在天山北麓的博乐、精河沙湾、玛纳斯、昌吉、阜康、吉木萨尔、奇台等地沿天山一带的洪积-冲积扇上。面积 151 万亩，均系耕地。

土壤类型 灰黄土

主要性状

该土种母质为洪-冲积物，由灰漠土经长期灌溉和耕种熟化而成，剖面为 A11-A12-Bk-C 型。人工熟化层厚 20～30 cm，根系密集，比较疏松，亚耕层厚 10 cm 左右，呈发育良好的板片状结构，较紧实，结构面上有很薄的暗色腐殖质-黏粒胶膜，有较多水平分布的细根，并常可见到少量灰白色假菌丝体和蚯蚓粪便；弱发育的钙积层多呈块状结构，稍紧实。根系自上而下逐渐减少，并可见菌丝状和脉纹状或斑点状碳酸钙沉积，母质层、沉积层层里清晰，根系极少。通体质地多为壤质土，部分为壤质黏土。农样化分析结果统计：土壤有机质含量为 1.7 %（$n=121$），全氮 0.091 %（$n=115$），碱解氮 54 mg/kg（$n=106$），速效磷 5 mg/kg（$n=110$），速效钾 280 mg/kg（$n=68$）。

典型剖面

采自博乐市西南老水磨北，位于博尔塔拉河中游二阶地上，海拔 600 m，母质为冲积物。年均温 5.4 ℃，年降水量 193.8 mm，≥10 ℃年积温

3 042.2 ℃，无霜期 170 d。以种植小麦为主。

A11 层：0～28 cm，黄橙色（干，10YR6/3），壤质黏土，小团块状结构，较松，多量根系。

A12 层：28～42 cm，黄橙色（干，10YR7/3），壤质黏土，板块状结构，紧实，结构面上有极薄的暗色胶膜，多量细根，少量假菌丝体。

Bk 层：42～59 cm，黄橙色（干，10YR7/3），壤质黏土，棱块状结构，稍紧实，较多根系，少量斑点状碳酸钙淀积，有蚯蚓及其粪便。

B 层：59～85 cm，黄橙色（干，10YR7/3），黏壤土，棱块状结构，较松，少量根系。

C 层：85～104 cm，黄橙色（干，10YR7/3），壤质黏土，碎块状结构，稍紧实，极少量细根，可见脉纹状及斑点状新生体。

生产性能综述

该土种土层深厚，肥沃，灌排条件良好，无盐碱化现象，光热资源也比较丰富，适种作物广，产量高，小麦单产多在 350 kg 左右，玉米单产 400 kg 以上，高者为 600 kg 以上，皮棉单产 60～80 kg，高者 100 kg 以上。但其质地较黏重，灌水后易板结，今后应增施有机肥和合理施用化肥，并大力推广麦田套种草木樨，利用麦收后的光热资源生产一季绿肥还田，以恢复和提高地力，并结合秋翻冬灌，改进灌溉技术等措施，改善土壤结构，促进其生产力的进一步提高。

4.1.30　灰红土

土种　灰红土

亚类　灰灌漠土

土属　红土状灌漠土

归属与分布

主要分布在北疆沿天山一带的乌苏、沙湾、玛纳斯、呼图壁、昌吉、乌鲁木齐、阜康等地，另在博乐也有小面积分布。面积 43.09 万亩，均系耕地。

土壤类型　灰红土

主要性状

该土种母质为洪积-冲积物，多系灰漠土经长期灌耕熟化而成，剖面为 A11-A12-Bk-C 型。其人工熟化层可达 50 cm，色泽以棕色为主，黏粒和粉粒含量都很高，黏粒一般可占到 30 %～45 %，粉粒为 30 %～40 %，质地多为壤质黏土或黏土。耕作层有机质含量 1.5 %～2 %，阳离子代换量一般都在每 100 g 土 15 mg 当量以上，剖面中下部都有明显的菌丝状碳酸钙沉积。农样化分析结果统计：土壤有机质含量为 1.54 %（$n=175$），全氮 0.087 %（$n=169$），碱解氮 34 mg/kg（$n=154$），速效磷 5 mg/kg（$n=137$），速效钾 269 mg/kg（$n=84$）典型剖面。

采自博乐市小营盘镇七大队，位于洪积-冲积扇中下部，海拔 500 m，母质为洪积-冲积物。年均温 5 ℃，年降水量 200 mm，≥10 ℃年积温 3 000 ℃，无霜期 160 d。以种植小麦为主。

A11 层：0～21 cm，黄棕色（干，10YR5/5），壤质黏土，粒状-碎块状结构，疏松，多量根系，石灰反应强。

A12 层：21～30 cm，黄棕色（干，7.5YR6/4），壤质黏土，板片状结构，紧实，较多根系，石灰反应强。

Bk 层：30～51 cm，黄棕色（干，7.5YR5/5），壤质黏土，棱块状结构，较紧实，结构面上有胶膜，少量根系，可见假菌丝体，石灰反应强。

B 层：51～87 cm，棕黄色，壤质黏土，棱块状结构，较紧实，少量根系，石灰反应强。

Ck 层：87～100 cm，黄棕色，壤质黏土，棱块状结构，较紧实，极少根系，多量菌丝体，石灰反应强。

生产性能综述

该土种土层深厚，潜在肥力高，保肥性能强，后劲大，但由于大多质地过于黏重，耕性不良，适耕期短，往往不易保全苗。在生产上只要抓住了苗，丰收就有了把握。当地农民主要将此地用来种植小麦等粮食作物，亩产一般都在 300 kg 以上。今后应特别重视有机肥的施用，并大力推广麦田套种绿肥，以便改良其耕性。

4.2 艾比湖湿地土壤理化性质研究

4.2.1 艾比湖流域土壤水盐分析（上）

在干旱、半干旱地区的特定气候条件下，土壤环境的变化是影响植被分布的重要因素，特别是土壤水盐的空间异质性特点是植被分布空间异质性的主要原因。针对土壤空间异质性的研究，传统的方法多限定于定量描述，而忽视了不同测定参数之间的关系以及与测定区域之间的空间关系。但是，随着地理信息技术和地统计学方法的发展，该方法被引入土壤特性空间变异分布特征的研究中，通过地统计学方法对变量的空间结构的认识，可以对变量进行插值和对相关变量值进行预测，从而能够更好地反映土壤空间分布特征对植被的影响，并在东部湖泊、黄河三角洲、森林及山前平原等地取得值得借鉴的成果。新疆艾比湖地处天山北坡，是国家级重要的湿地保护功能区。艾比湖在调节气候，涵养水源，保护生物物种多样性及维持区域生态平衡等方面具有十分重要的作用。艾比湖湿地作为典型的干旱区内陆湖泊湿地的代表，由于降水稀少，蒸发旺盛，土壤盐渍化成为影响该地区农业发展的主要因素之一。许多学者对艾比湖湿地的水分、养分、盐分等土壤理化性质、植物群落及植物群落与土壤理化性质相关关系等方面做了较多研究。土壤含水量和盐分是影响艾比湖植物空间分布特征的主要因子，前人多集中在对整个流域土壤空间分布特征及土壤有机质的研究上，而对艾比湖流域不同植物群落下土壤水盐空间变化特征的研究甚少。因此，选择以艾比湖湖滨湿地沿湖分布的不同植物群落作为研究对象，根据野外实地调查，结合地理信息技术和地统计学方法，在大尺度上综合考虑湿地内各个样方内植被特征和水盐信息，分析不同植物群落下土壤水盐含量空间变化特征以及相同植物群落下土壤水盐的相关性。在一定尺度上，土壤空间变异性的研究有助于了解干旱区植物群落空间分布格局，同时为干旱区湖泊湿地的生态环境的修复与重建提供理论依据。

4.2.1.1 材料与方法

（1）研究区概况

艾比湖湿地自然保护区（82°33′47″～83°53′21″ E，44°31′05″～45°09′35″ N）位于新疆博州境内，是新疆第一大咸水湖。总面积 2 670.85 km²，属典型温带大陆性干旱气候，年均气温 5 ℃，平均年降水量为 105.17 mm，潜在蒸发量为 1 315 mm，是降水量的 12.5 倍。艾比湖湿地是准噶尔盆地西南缘最低洼地和水盐汇集中心。土壤类型为砂土，砂粒组成中以粉砂（平均 64.08 %）、极细砂（平均 21.6 %）2 种砂粒为主。艾比湖湖水矿化度程度较高，可达到 139.6 g/L。自然植被种类较多，常见的有白刺（*Nitruria tangutorum*）、芦苇（*Phragmites australis*）、碱蓬（*Suaeda glauce*）、盐节木（*Halocnemum strobilaceum*）、盐爪爪（*Kalidium foliatum*）、柽柳（*Tamarix chinensis*）、骆驼刺（*Alhagi sparsifolia*）、花花柴（*Karelinia caspia*）、梭梭（*Haloxylon ammodendron*）等。

（2）研究方法

2012 年 5 月中旬，在对艾比湖湿地自然保护区进行野外调查的基础上，根据典型植物群落的不同，在博河、精河、奎屯河及鸟岛附近各设置 1 个 100 m×100 m 的大样方。4 个样中的典型植物群落分别为芦苇群落、碱蓬群落、梭梭群落及盐节木群落（表 4.1）。在 4 个大样方中分别以五点法设置 5 个 10 m×10 m 小样方，总计 20 个样方。分别调查每个样方内植被的种类、数量、高度、胸径、冠幅，并记录各样方的海拔、经纬度、地理地貌等小环境因素。在每个样方内，选取有代表性的部位挖取土壤剖面，分 4 层取样（0～5 cm、10～20 cm、30～40 cm 及 50～60 cm），自上而下逐层采集土样并放入密封袋中用于全盐量的测定。剖面数目为 20 个，共采集 80 个土壤样品。同时在每个剖面，在相应层次用铝盒取 3 个土壤样品用于土壤含水量的测定（烘干法）。土样在实验室风干，碾碎后过 60 目筛，标记后封口袋，在阴凉干燥处贮存备用。全盐量测定采用水土比（5∶1）烘干残渣法，重复 3 次。

应用传统统计学与地统计学理论及半方差函数理论模型相结合的方法，对比分析不同植物群落下的土壤水盐含量的分布特征。所有的实验数据均通过狄克松（Dixson）法，$P=0.01$ 水平下的异常值检验，并使用 DPS、Excel 及 GS+9.0 等软件绘图。

表 4.1　艾比湖湿地不同植被群落样地的植被特征

采样点	经纬度	海拔 /m	群落描述	距湖距离 /km
1	82°43′33.9″ E，44°50′44.1″ N	192	碱蓬群落	4.17
2	82°49′40.7″ E，44°49′36.9″ N	190	芦苇群落	1.27
3	83°16′13.3″ E，44°49′50.8″ N	201	盐节木群落	8.82
4	83°16′07.6″ E，44°41′18.5″ N	205	梭梭群落	8.31

4.2.1.2　结果与分析

（1）不同植物群落下土壤剖面平均水盐含量统计特征

对不同植物群落下土壤水盐含量进行统计分析（表 4.2）。一般变异函数的计算要求数据符合正态分布，否则可能存在比例效应。对所有数据通过 Komlogorov-Smirnov 法进行正态检验（$P<0.05$）并将不服从正态分布的经对数转化后呈正态分布，变异函数计算采用的数据为对数转化后的数据。结果显示，4 种植物群落下土壤剖面平均含水量和盐分含量服从正态分布或对数正态分布。土壤剖面平均含水量和盐分含量从高到低依次分别为：盐节木群落＞碱蓬群落＞芦苇群落＞梭梭群落和盐节木群落＞芦苇群落＞碱蓬群落＞梭梭群落，可见，4 种植被群落下土壤水盐含量变化具有相对统一性，其中盐节木群落下土壤平均水分和盐分含量较高，这主要是由于该研究区位于湖区低洼地带，地下水位高的原因所致，因此，该地也易发生土壤盐渍化。通过单因素方差分析可知，不同样地之间土壤含水量存在极显著性差异（$F=8.033$，$P=0.008\,5<0.01$），盐分含量（$F=3.845$，$P=0.038\,6<0.05$）也存在显著性差异。变异系数（C_0）是描述土壤特性参数空间变异性程度的指标，依据 Nielsen 分级标准，当 $C_0 \leqslant 10\%$ 时为弱变异性，当 $10\% < C_0 < 100\%$ 时为中等变异性，当 $C_0 \geqslant 100\%$ 时为强变异性。从变异程度来看，土壤剖面平均含水量的变异系数从高到低依次为：芦苇群落＞碱蓬群落＞梭梭群落＞盐节木群落，芦苇群落土壤含水量变异系数为 116.78%＞100%，属强变异性，其他各植物群落土壤含水量为中等变异；土壤剖面平均盐分的变异系数从高到低依次为：碱蓬群落＞芦苇群落＞梭梭群落＞盐节木群落，其土壤盐分均为中等变异，说明土壤水盐变化易受到气候、微地形及湖面积波动等结构性因素的影响，与距湖远近具有一致性，距湖越近土壤水盐变异程度越大。

表 4.2　土壤含水量和含盐量的统计特征值

植物群落	土壤特征 /%	均值	标准差	变异系数 /%	分布类型
碱蓬群落	含水量	6.2	5.23	84.29	N
	含盐量	0.61	0.15	25.19	n
芦苇群落	含水量	3.1	3.62	116.78	n
	含盐量	0.7	0.17	23.87	n
盐节木群落	含水量	16.23	5.53	34.06	N
	含盐量	0.79	0.09	11.66	N
梭梭群落	含水量	3.05	2.55	83.55	N
	含盐量	0.5	0.06	12.42	n

注：N 表示服从正态分布；n 表示服从自然对数正态分布。

（2）土壤剖面各层水分和盐分变化特征

不同植物群落下各层土壤水盐含量也存在差异。各层土壤含水量在 4 种植物群落下表现出不同的变化趋势（图 4.1）。由图 4.1 可知，盐节木群落和梭梭群落下各层土壤含水量的差异性不大。碱蓬群落和芦苇群落下，土壤含水量由表层向下呈现出逐渐下降趋势，但有各自变化的特点。碱蓬群落在 0～20 cm 土层含水量较高，而芦苇群落在 0～5 cm 土层含水量较高。由图 4.2 可知，土壤盐分变化则与水分不一致，碱蓬群落、芦苇群落和盐节木群落土壤层由表层向下盐分在水平方向上表现出随深度增加而减少的趋势，梭梭群落表现为增加趋势，其中碱蓬群落和芦苇群落表土积盐主要分布在 0～5 cm 土层。这主要是受研究区局部地下水埋深的高低、微地形起伏、距湖距离与

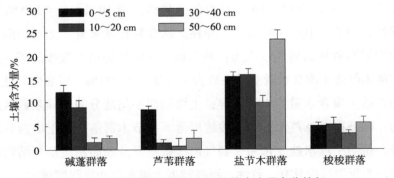

图 4.1　不同植物群落下各层土壤含水量变化特征

湖面积波动及土壤母质等因素综合作用的结果。由于研究区属于自然保护区，受人为活动干扰较少，而保护区外围人类活动如大面积的农田灌溉用水和艾比湖入湖水量的变化对湖周土壤水盐变化也有一定的影响。

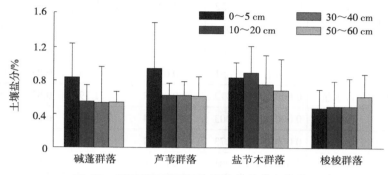

图 4.2　不同植物群落下各层土壤盐分变化特征

（3）土壤水盐的空间变异性分析

根据半方差函数理论及计算模型得出不同植被群落下土壤水盐变异函数模型及相关参数（表 4.3 和图 4.3）。可以看出土壤剖面平均含水量和盐分的半方差理论模型均符合高斯模型。表 4.3 中 C_0 为块金值；C_0+C_1 为基台值；$C_0/（C_0+C_1）$ 可以表明土壤性质空间相关性的程度。如果 $C_0/（C_0+C_1）$ 小于 25 %，表现为强空间相关性；25 %～75 % 为空间相关性中等；大于 75 % 为空间相关性很弱；若比值接近于 1，说明在整个尺度上具有恒定的变异。4 种植被群落下土壤剖面平均含水量和盐分含量的 $C_0/（C_1+C_1）$ 值均小于 25 %，可见，不同植物群落下土壤剖面平均水盐含量均表现为较强的空间自相关性。通过对结构方差和块金值与基台值的比值分析可知，研究区不同植物群落下土壤水盐的空间差异主要属于结构性差异，由当地小气候、土壤类型等结构性因素引起，并且在不同植物群落下结构性差异在总变异中所占比值不同，碱蓬群落和芦苇群落土壤剖面平均水盐含量的块金常数和基台值明显高于梭梭群落和盐节木群落，表明前者的总变异程度大于后者。从自相关距看，变程反应区域化变量空间相关范围的大小，与观测尺度以及取样尺度上影响土壤水盐的各种生态过程的相互作用有关。梭梭群落下土壤含水量和芦苇群落下土壤盐分的相关距离都明显高于其他植被群落，说明这 2 种植被群落土壤水盐的空间变异范围较大。

表 4.3　土壤水分和盐分的半方差模型及其参数（高斯模型）

类型	土壤特征 /%	块金值 C_0	基台值 (C_0+C_1)	空间相关性 $[C_0/(C_0+C_1)]$	变程 a/m	决定系数 R^2	残差 RSS
碱蓬群落	含水量	0.001	0.532	0.001 9	75.17	0.89	0.033 9
	含盐量	0.000 01	0.01	0.001	74.13	0.86	0.000 02
芦苇群落	含水量	0.001	0.362	0.002 8	69.46	0.75	0.051 5
	含盐量	0.000 1	0.051	0.002	138.56	0.87	0.000 11
盐节木群落	含水量	0.000 1	0.312	0.000 3	71.19	0.83	0.021 3
	含盐量	0.000 001	0.003	0.000 4	56.81	0.66	0.000 01
梭梭群落	含水量	0.000 1	0.273	0.000 4	128.86	0.99	0.000 34
	含盐量	0.000 01	0.001	0.000 9	76.38	0.92	0.000 01

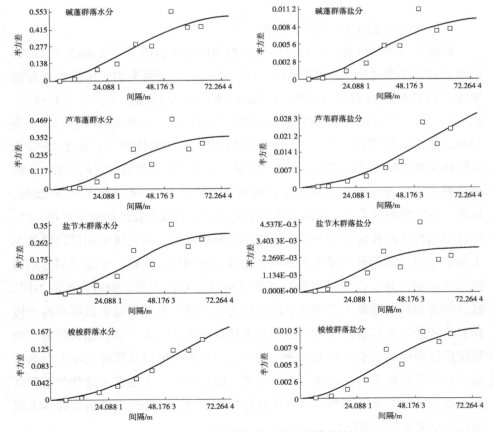

图 4.3　土壤水分和盐分的半方差函数

（4）土壤水盐含量变化与植物群落的相关性分析

为了充分说明不同植物群落下土壤水盐变化特征，对研究区4种植物群落中土壤含水量和盐分进行对比相关分析（表4.4）。由表4.4可以看出，盐节木群落和梭梭群落呈负相关关系，其中盐节木群落中土壤盐分和含水量呈显著负相关（$P<0.05$）；碱蓬群落和芦苇群落呈正相关且无显著正相关性。从表4.4可以看出，对于研究区4种植物群落中，土壤含水量和盐分在碱蓬群落和芦苇群落中关联性较大，但不呈现密切相关；而在盐节木群落和梭梭群落中其关联性没有，其中盐节木群落对其的关联性最小。表明在研究区内的4种植物群落下，土壤水盐量的含量变化对4种植物群落影响都相对较小。

表4.4 不同植物群落下土壤水盐相关性分析

群落类型	土壤特性	含水量
碱蓬群落	盐分	0.321
芦苇群落	盐分	0.228
盐节木群落	盐分	−0.022[*]
梭梭群落	盐分	−0.344

注：* 表示 $P<0.05$ 时相关性显著。

4.2.1.3 结论

各植物群落距湖距离由近到远依次为：芦苇群落＜碱蓬群落＜盐节木群落＜梭梭群落。4种植物群落下土壤水盐含量变异系数除芦苇群落土壤含水量属于强变异性外，其他均为中等变异，并且水分变异程度高于盐分，说明其变异程度与距湖距离相关，距湖越近的植物群落，土壤水盐变异程度较大。各植物群落下各层土壤水盐含量也存在差异，其中以碱蓬群落和芦苇群落下土壤水盐变化较为显著，说明湖周植物受艾比湖入湖水量变化和保护区外围用水的影响。因此，合理管理和分配保护区外围用水量对艾比湖湖周植物分布有一定的作用。

从空间结构性分析来看，不同植物群落下土壤含水量和盐分在一定的区域范围内具有空间结构特征，均较好地符合高斯模型分布，并且各群落下土壤含水量和盐分具有较强的空间自相关性。说明随机性因素对土壤水盐含量空间分布的贡献较小，其变异主要受气候土壤母质、地形等结构性因素引起，且碱蓬群落和芦苇群落的总变异程度大于梭梭群落和盐节木群落。

土壤水盐变化会影响植物群落的空间分布格局，与此同时，在同一气候和土壤条件下，植物群落的变化能够影响土壤水盐含量。通过研究表明，艾比湖湖滨湿地沿湖不同植物群落下土壤水盐空间变化受气候、距湖远近及湖面积波动、土壤类型及成土母质等结构性因素的影响，植物本身对土壤水盐的适应程度也不同。李尝君等（2013）通过研究艾比湖克隆植物表明在较强的水盐胁迫环境下，克隆植物会倾向于集群分布，认为这种集群分布一方面会增强克隆植物种群耐盐耐旱能力，另一方面能改善植株生长的水盐胁迫环境。宋同清等认为在中小尺度上，微生境和土壤理化性质等因素可能是导致群落物种组成与格局的变化的推动力。Weiner 等（1997）认为土壤的异质性可以降低不同植物对资源的竞争，同时植物对不同土壤条件的需求或偏好必然影响到个体或种群在群落中的分布。所以，结合不同植物群落下土壤水盐的空间变异特征，对于有限水盐条件下植被结构和分布的优化尤显重要，在这方面有待于进一步研究。

4.2.2　艾比湖流域土壤水盐分析（中）

　　土壤水盐状况及其空间变异性研究是土壤科学研究的热点之一，是土壤盐渍化防控和盐碱土地资源利用的重要基础。国外 Jordán 等（2004）对干旱与半干旱地区土壤盐分在地质和环境因素影响下的空间变化进行研究；Herbst 等（2003）用地统计学模拟和实测模拟对小尺度集水区的土壤水分空间变异进行了研究；Cemek 等（2007）对土耳其北部的冲积平原农田土壤盐分空间变异的研究得出，土壤盐分的空间变异性主要由地下水位、排水、灌溉系统以及微地形等外因控制。在国内一些学者对黄河三角洲地区、张掖绿洲、辽河三角洲不同植被类型、塔里木河上游典型绿洲等地的土壤水盐状况及空间异质性进行了研究，认为盐分、含水量的空间变异性与自然环境和人为因素有关。

　　艾比湖湿地国家自然保护区是干旱区荒漠生态系统的典型代表，1950 年，艾比湖面积有 1 200 km^2，如今湖面已经萎缩至 500 km^2 左右，已成为困扰新疆的第二大生态问题，湖滨地区荒漠化程度加剧，成为中国西部沙尘暴主要策源地之一，直接威胁到天山北坡经济带的可持续发展和新亚欧大陆桥的安全运行。近 10 年关于艾比湖湿地的盐分、水分、养分等土壤理化性质、土壤酶活性、土壤呼吸、植物群落以及其之间的相关分析的研究主要集中在艾比湖湖周到绿洲农田、博河下游、精河下游和精河围堰区以及阿其克苏河下游等地，缺乏对艾比湖绕湖一周土壤水盐的系统研究，因此，本研究选择离艾比湖湖滨 5～15 km，绕湖一周 160 km 范围内为研究区，对艾比湖湿地不同区域的土壤水盐特征及土壤退化程度进行分析，旨在为保护艾比湖地区生态环境安全提供可靠的理论依据。

4.2.2.1 材料与方法

（1）研究区概况

艾比湖湿地国家级自然保护区（82°33′47″～83°53′21″ E，44°31′05″～45°09′35″ N）位于新疆精河县境内，是新疆第一大咸水湖，年平均气温 5 ℃，平均年降水量 100 mm 左右，年蒸发量 1 600 mm，属于典型温带大陆性干旱气候。1972—2011 年，艾比湖的面积在不断缩小，共缩小 115.03 km^2。2012—2015 年，本课题组通过对艾比湖湿地采样调研，发现艾比湖湿地盐化沙化加剧，土壤平均粒径 2.63～6.51 mm，土壤有机质含量为 0.000 3 %～2.340 1 %，土壤盐分呈现表聚性，高达 85.32 g/kg，pH 值 7.52～9.29。本研究选择在离艾比湖湖滨 15 km 绕湖一周 160 km 范围内，以湖心质点（44°52′ N，83°02′ E）为中心，将艾比湖划分为东北、东南、西南、西北 4 个区域（图 4.4）其中北部的科克巴斯陶管护站区域海拔低（189 m），有天然泉水外流；东北部桑德库木管护站和奎屯河下游地区土壤质地多为沙土，土壤沙化严重，主要植被类型为梭梭；东南部鸵鸟管护站、鸭子湾管护站主要植被分布类型有胡杨、盐角草等耐盐碱植物，其中沙泉子从 2013 年起采用滴管方式实施梭梭林人工种植恢复，梭梭林恢复面积为 7.3 × 10^6 m^2；西南部在 2002 年引精河水，实施围堰和土壤改良工程，现芦苇湿地恢复面积约 2.6 × 10^6 m^2，博河下游采样区土壤质地多为石砾，优势种为碱蓬；西北部受阿拉山口大风影响，全年 8 级以上大风 165 d，最大风速可达 55 m/s，植物覆盖度极低，盐分含量高；在研究区北部地区有牧民进行季节性放牧。

（2）研究方法

课题组分别在 2013 年，2014 年和 2015 年的 8 月沿着艾比湖湿地国家自然保护区管护站、博尔塔拉河、精河、阿奇克苏河、奎屯河等绕湖一周 160 km 范围内，设置 73 个样地，记录各样地的海拔、经纬度、植被类型和土壤质地等要素共获取 73 个剖面，每个剖面取表层（0～20 cm）土样，并用

GPS 定位（图 4.4）将土壤样品带回实验室，进行自然风干、磨碎，过 2 mm 筛，制备 1∶5 的土水质量比浸提液，测定土壤全盐含量；浸提液 pH 值采用 HANNA 公司 pH 电极（pH 211，Microprocessor pH Meter）进行测定；土壤含水量采用烘干法测定。根据新疆土壤盐碱化的分级标准，将土壤分为非盐化土（土壤盐分＜3 g/kg）、轻盐化土（土壤盐分 3～6 kg）、中度盐化土（土壤盐分 6～10 g/kg）、重度盐化土（土壤盐分 10～20 g/kg）和盐土（土壤盐分＞20 g/kg），根据此分级标准确定含盐量级别采用 Excel 对数据进行数理统计，运用 GS＋9.0 进行半方差函数计算，Moran's I 系数分析，Kriging 插值以及空间分布图利用 ArcGIS 10.0 软件绘制，相关性分析采用 SPSS 19.0 软件。

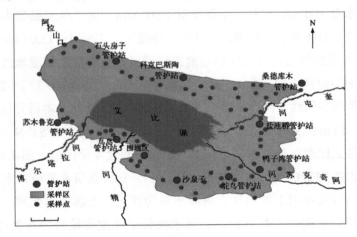

图 4.4　研究区采样点示意图

4.2.2.2　结果与分析

（1）土壤盐分、含水量与 pH 值描述性统计

对不同区域表层（0～20 cm）土壤盐分、含水量和 pH 值进行描述性统计分析可知（表 4.5），盐分平均含量由大到小表现为西北部＞东南部＞西南部＞东北部；由于采样期正值旱季，水分蒸发量强，土壤含水量低，其中东南部含水量最小（26.454 g/kg），东北部含水量最大（68.625 g/kg）；土壤 pH 值平均从大到小表现为西北部＞西南部＞东南部＞东北部，且不同区域 pH 值最大均超过 9，这说明该采样区在不同区域上土壤呈现出一定程度的碱化趋势。

按照变异系数划分等级，当 CV＜10 % 为弱变异性；10 %＜CV＜100 % 时为中等变异性；CV＞100 % 时为强变异性。不同区域土壤盐分均属于中等变异强度；东北部、东南部、西南部的土壤含水量属于中等变异强度，而西北部变异系数达到 1.087，属于强变异性；不同区域土壤 pH 值均属于弱变异强度；且同一区域上的土壤含水量变异系数均大于盐分和 pH 值（表 4.5）一般变异函数的计算要求数据符合正态分布，否则可能存在比例效应，对数据进行 Komlogorow Smirnow 法进行正态检验（$P<0.05$），发现西南部土壤盐分与西北部土壤含水量不符合正态分布，经对数转化后呈正态分布，变异函数计算采用的数据为对数转化后的数据。

表 4.5　土壤盐分、含水率和 pH 值的统计特征值

土壤特征值	区域	最大值	最小值	平均值	标准差	变异系数	分布类型
盐分 /（g/kg）	东北部	17.447	2.071	7.814	3.997	0.511	N
	东南部	35.057	1.485	15.263	10.651	0.697	N
	西南部	32.53	2.934	10.676	6.74	0.631	LN
	西北部	38.261	9.712	21.069	8.511	0.404	N
含水量 /（g/kg）	东北部	134.34	4.829	68.625	44.255	0.645	N
	东南部	80.673	4.408	26.454	25.768	0.974	N
	西南部	132.1	4.669	57.323	41.411	0.722	N
	西北部	205.758	4.342	51.704	56.201	1.087	LN
pH 值	东北部	9.012	7.47	8.318	0.454	0.054	N
	东南部	9.1	7.547	8.491	0.507	0.059	N
	西南部	9.007	7.844	8.52	0.436	0.051	N
	西北部	9.298	7.828	8.789	0.435	0.05	N

注：N 表示对数分布（Normal distribution），LN 表示对数正态分布（Logarithmic normal distribution）；变异系数无单位。

（2）土壤盐分、含水量与 pH 值的半方差函数分析

根据半方差函数理论及计算模型获得了研究区的土壤盐分、含水量与 pH 值的半方差函数模型及其相关参数（表 4.6），可以发现除了西北部土壤盐分符合球状模型外，其他不同区域土壤盐分、含水量和 pH 值半方差理论模型都符合高斯模型，且不同区域土壤盐分、含水量与 pH 值的块金值 / 基台值变化范围<0.25，均表现为较强的空间相关性，这表明不同区域上的土壤盐分、含水量与 pH 值的空间分布主要是受结构性因素（如地形、土壤类型、母质、气候等）影响，其中盐分变异程度表现为西南部＞东南部＞东北部＞西

北部，含水量变异程度表现为东北部＞东南部＞西南部＞西北部，pH 值变异程度表现为西南部＞东南部＞东北部＞西北部。分维数 D 表示变异函数曲线的曲率大小，可确定空间结构复杂程度不同区域上的土壤盐分、含水量与 pH 值的分维数范围为 1.033～1.881，其中东北部、东南部和西南部土壤盐分、含水量和 pH 值的分维数均高于西北部，且相差较大，这说明前三者的空间结构要比西北部较为复杂，这可能是由地形、母质、气候、土壤类型等导致。从自相关距看，变程反应区域化变量空间相关范围的大小，与观测尺度以及取样尺度上影响土壤水盐的各种生态过程的相互作用有关不同区域上的土壤盐分的自相关距变化范围为 7 320～28 450 m，含水量自相关距变化范围为 3 560～21 940 m，pH 值自相关距变化范围在 4 420～27 220 m，且西南部土壤盐分空间自相关距要明显小于其他 3 个区域，含水量和 pH 值表现出西北部明显小于其他 3 个区域，这是由于西南部进行了引水围堰工程，西北部大风盛行以及放牧等导致土壤盐分、含水量和 pH 值的变程较小。

表 4.6　土壤盐分、含水量与 pH 值的半方差函数类型及其参数

土壤特征	区域	理论模型	C_0	C_0+C	$C_0/$ (C_0+C)	自相关距 /m	R^2	RSS	D （分维数）
盐分 / （g/kg）	东北部	高斯	0.085	0.769	0.111	14 770	0.894	0.012	1.552
	东南部	高斯	0.662	3.254	0.203	26 630	0.692	0.222	1.827
	西南部	高斯	0.094	0.428	0.22	7 320	0.342	0.403	1.881
	西北部	球状	0.001	0.376	0.003	28 450	0.847	0.007	1.076
含水量 / （g/kg）	东北部	高斯	0.428	1.071	0.229	12 240	0.655	0.352	1.679
	东南部	高斯	0.451	2.05	0.22	18 410	0.835	0.107	1.727
	西南部	高斯	0.142	2.294	0.062	21 940	0.73	0.821	1.688
	西北部	高斯	0.001	0.617	0.002	3 560	0.461	0.219	1.135
pH 值	东北部	高斯	3.4E-04	5.23E-03	0.065	14 670	0.772	1.548E-06	1.457
	东南部	高斯	8.3E-04	1.12E-02	0.074	27 220	0.639	3.845E-06	1.562
	西南部	高斯	0.001	4.32E-03	0.231	11 370	0.58	1.317E-05	1.703
	西北部	高斯	1E-06	2.712E-03	0.000 4	4 420	0.782	1.418E-06	1.033

注：C_0 为块金值，C_0+C 为基台值，RSS 为残差平方和。

（3）土壤盐分、含水量与 pH 值的 Moran's I 系数分析

Moran's I 系数可定量描述研究变量在空间上的依赖关系 I 的取值 -1～1，

I>0 表示变量在空间上呈现正相关；I<0 表示研究变量在空间上呈现负相关；
I=0 表示研究变量在空间依赖性小或空间随机变异较大将 Moran's I 系数与滞
后距离尺度相结合，便可得到不同尺度下空间相关关系变化，从而可以看出
空间相关性随尺度的变化。东北部土壤盐分、含水量和 pH 值的空间距离分别
在 3 487.782 m、7 847.509 m 和 3 487.782 m 表现出强的正相关性，随着距离
增大，正相关性减弱负相关性增强，空间距离均增加到 12 207.238 m 时负相
关性最大，分别为 −0.456、−0.385、−0.273，此后随着空间距离增大负相关性
也逐渐减弱（图 4.5）东南部和西北部土壤盐分、含水量和 pH 值随距离增加
与东北部有相似的 Moran's I 系数变化趋势，但也有不同，其中西北部的含水
量随着距离的增加均没有达到负相关性西南部土壤盐分、含水量和 pH 值相关
性相对较强（I 介于 −0.921~1.3），Moran's I 系数波动均较大，空间相关性较
强，这与气候、地貌、微地形、土壤类型和人为活动等因素密切相关。

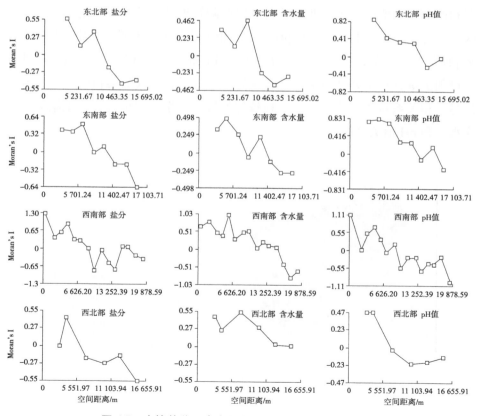

图 4.5 土壤盐分、含水量和 pH 值的 Moran's I 系数

（4）土壤水盐空间分布特征

地统计学可根据半方差分析所确定的理论模型和已有的观测数据，对未采样点进行空间插值，其结果平滑了采样点的数据，使得大值降低、小值增高，以图形的形式展示性状的空间异质性，并且能够有助于辨别空间分布格局。通过普通克里金插值预测得到对离湖滨 5~15 km 绕湖 1 周 160 km 范围内表层土壤盐分、含水量与 pH 值的空间分布可以看出（图 4.6），艾比湖湿地表层土壤盐分、含水量和 pH 值的空间分布多呈现不规则条带状格局采样区土壤盐分与 pH 值具有一定程度的同步性，即西北部高于东北部，东南部高于西南部，盐分高值区出现在西北部的石头房子管护站以及西南部阿奇克苏河下游，低值区出现在东北部的大部分、南部和西南部的精河和博河入湖河口处；pH 值高值区出现在西北部石头房子管护站和东南部鸵鸟管护站区域，低值区出现在东部奎屯河下游区域；采样区土壤含水量北部和西南部明显要高于东部和西部，高值区出现在北部的科克巴斯陶管护站区域以及西南部引水围堰区；对艾比湖湿地土壤盐分和 pH 值进行相关性分析，表明土壤盐分与含水量和 pH 值呈正相关，相关性系数分别为 0.114 和 0.27，即在研究区内土壤盐分含量随土壤含水量升高而增多，土壤盐分含量高会导致土壤 pH 值相应升高，但是，相关系数均较低，并未呈现较好的线性关系，这也说明了土壤盐分与含水量和 pH 值关系的复杂性。

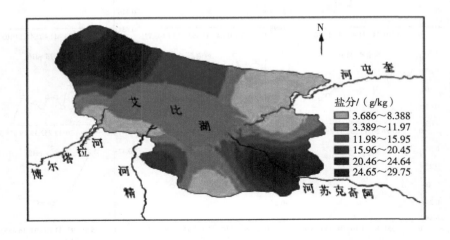

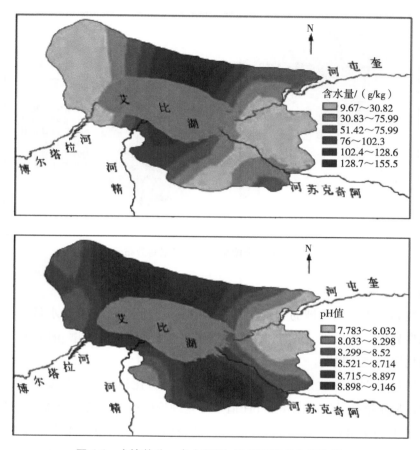

图 4.6　土壤盐分、含水量和 pH 值空间分布示意图

　　参照新疆土壤盐碱化分级标准，分析研究区土壤盐渍化程度（图 4.7），结果表明艾比湖湿地东南部阿奇克苏河下游和西北部石头房子管护站区域盐渍化程度最高，已达到盐土程度；东北部的奎屯河下游、南部沙泉区域以及精河入湖河口盐渍化程度较低，属于非盐渍化土盐渍化分级盐土、重度盐化土、中度盐化土、轻度盐化土和非盐化土在研究区所占面积分别为 568.394 km²、537.848 km²、319.026 km²、473.306 km² 和 269.588 km²，可见艾比湖湿地土壤盐渍化盐土面积最大，重度盐化土次之。

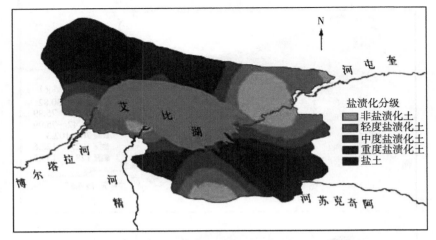

图 4.7　研究区土壤盐渍化分级空间分布示意图

4.2.2.3　结论

绕湖一周不同区域的土壤盐分均属中等变异强度；土壤含水量在西北部属强变异性，而东北、东南和西南部均属中等变异强度；土壤 pH 值在不同区域内均属弱变异强度。

通过半方差函数分析，除了西北部土壤盐分比较符合球状模型外，其他不同区域土壤盐分、含水量和 pH 值半方差理论模型都比较符合高斯模型；不同区域上的土壤盐分、含水量与 pH 值的空间分布都是由结构性因素（如地形、母质、气候和土壤类型等）起主导作用；Moran's I 系数分析表明西南部土壤盐分、含水量和 pH 值的 Moran's I 系数比其他方位的波动较大，空间相关性较强，这与气候、地貌、微地形、土壤类型等因素密切相关。

研究区表层土壤盐分、含水量和 pH 值的空间分布多呈现不规则条带状格局土壤盐渍化程度以盐土面积最大，重度盐化土次之。

4.2.3　艾比湖流域土壤水盐分析（下）

土壤水盐状况及其空间变异性研究是土壤科学研究的热点之一，是土壤盐渍化防控和盐碱土地资源利用的重要基础。其中土壤水分是土壤的一个重要状态参数和时空连续变异体，是植物生长、植被恢复及土壤侵蚀过程的重要因素，土壤盐分的空间变异特征在一定程度上反映了土壤盐渍化程度和状态，掌握其变异性与分布规律对于盐渍化土壤资源的合理利用与防治、农业生产等具有重要意义；国外用地统计学模拟和实测模拟对小尺度集水区的土壤水分空间变异进行了研究，Jordan 对干旱区与半干旱地区土壤盐分在地质和环境因素影响下的空间变异性进行了研究。国内一些学者对塔里木河上游典型绿洲、库布齐沙漠人工和自然植被、张掖绿洲、阜康绿洲荒漠过渡带等地的土壤水盐空间异质性或土壤性状进行了研究，认为盐分或水分的空间变异性与自然环境或人为因素有关。艾比湖流域是新亚欧大陆桥中国段的西桥头堡，是国家重要的能源通道，但处在干旱、半干旱区的艾比湖流域生态系统脆弱、稳定性差，土壤、植被退化严重，盐化与次生盐渍化频发，直接威胁着天山北坡经济带的可持续发展。关于艾比湖流域的研究比较单一，主要集中在荒漠、绿洲、河流下游、湖滨湿地的土壤有机质、酶活性、土壤呼吸、农田重金属和土壤盐分与养分等，而在较大尺度上综合艾比湖流域山前人工绿洲-绿洲-荒漠过渡带湖滨湿地生态系统的土壤水盐的空间变异特征研究较少。因此，开展以新疆艾比湖流域不同生态系统的土壤分异规律意义重大，不仅为区域盐渍化土地的合理利用和改良提供决策依据，并有助于认识山前人工绿洲-绿洲-荒漠过渡带湖滨湿地生态系统的形成机理，并为干旱区生态环境的保护与恢复提供理论依据。

4.2.3.1　材料与方法

（1）研究区概况

艾比湖流域（79°53′~85°02′ E，43°38′~45°52′ N）地跨新疆博乐、温泉、精河、托里、乌苏、奎屯和独山子，流域面积 50 621 km²，流域内西、南、北三面环山，整个流域地形，似一向东部开口的簸箕状，地势西高东低，中间为谷地平原，最东部与准噶尔盆地相连，最低处艾比湖湖面海拔 190 m，湖面积超过 500 km²；年降水量 100 mm 左右，年蒸发量在 1 600 mm 以上，极端最高气温为 44 ℃，极端最低气温为 −33 ℃，气候干燥，降水稀少，属典型温带大陆性气候。艾比湖流域成土母质主要有冲积物、冲积-湖积物、湖积物、坡积-残积物、洪积物、风积物等多种类型。艾比湖流域的土壤类型主要分为 3 种：干旱荒漠土、灰漠土、棕漠土，主要分布在冲积扇、洪积扇地带和冲积平原上。但是由于河流和地下水的作用，在河流下游以及艾比湖湖滨地带分布着盐化沼泽土和盐土等。在艾比湖西北部干涸湖底上分布有大面积的盐泥、盐壳、含盐疏松裸土和龟裂裸土等。目前，流域中注入艾比湖的河流主要以冰川为补给的博尔塔拉河与精河，多年平均径流量分别为 4.75 亿 m³和 4.72 亿 m³，河流全长分别为 252 km 和 114 km；本研究以艾比湖流域的山前人工绿洲-绿洲-荒漠过渡带湖滨湿地为研究对象（图 4.8），山前人工绿洲分布在博尔塔拉河和精河沿岸的平原，其中博河主要的农作物上游多种植小麦，中游多为玉米，下游多为棉花，精河山前人工绿洲多种植棉花等；绿洲-荒漠过渡带分布在精河和博尔塔拉河下游地区，也有种植棉花等农作物，土壤盐渍化较重；湖滨湿地分布在艾比湖湖周范围，土壤沙化盐化严重，生态环境恶劣。其中采样点最大高程差为 1 252。

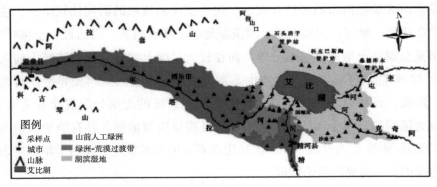

图 4.8　研究区示意图

（2）研究方法

于 2014 年和 2015 年 5 月沿博尔塔拉河、精河、阿奇克苏河、奎屯河、艾比湖湿地国家自然保护区管护站设置 94 个样地，记录样地的海拔、经纬度、植被类型和土壤质地等要素，共获取剖面数目 94 个，每个剖面取表层（0～20 cm）土样，并用 GPS 定位（图 4.8）。将土壤样品带回实验室，进行自然风干、磨碎，过 2 mm 筛，制备 1∶5 的土水质量比浸提液，测定土壤全盐含量；浸提液 pH 值使用 HANNA 公司 pH 电极（pH 211，Microprocessor pH Meter）进行测定；土壤含水量采用烘干法测定。采用 Excel 对数据进行经典统计，运用 GS＋9.0 进行半方差函数计算，Kriging 插值以及空间分布图利用 ArcGIS 10.0 软件绘制，相关性分析采用 SPSS 19.0 软件。

4.2.3.2 结果与分析

（1）土壤水盐描述性统计特征

对艾比湖流域山前人工绿洲-绿洲-荒漠过渡带湖滨湿地生态系统表层（0～20 cm）土壤水盐进行描述性统计分析表 4.7。由表 4.7 可知，就平均值来看，艾比湖流域土壤 pH 值和盐分均由山前人工绿洲向湖滨湿地逐渐增大，说明湖滨湿地土壤碱性强于山前人工绿洲，并且湖滨湿地盐分最大值含量达到 26.46 g/kg，根据新疆土壤盐碱化的分级标准，可知，山前人工绿洲属中度盐化大土壤含盐量为（6～10 g/kg），绿洲-荒漠过渡带和湖滨湿地均属于重度盐化土壤含盐量为（10～20 g/kg）；由于采样期正值春季，含水量相对较高，由山前人工绿洲向湖滨湿地递减。

表 4.7　土壤水盐的统计特征值

土壤因子	生态系统	最大值	最小值	平均值	标准差	变异系数 /%	分布类型
pH 值	山前人工绿洲	8.79	7.288 3	8.117 9	0.343 5	0.042 3	N
	绿洲-荒漠过渡带	8.79	8.21	8.358 4	0.145	0.017 4	LN
	湖滨湿地	9.09	7.3	8.501 9	0.326 8	0.038 4	N
盐分 /（g/kg）	山前人工绿洲	12.779 8	1.226 7	7.132 5	3.089 5	0.433 2	N
	绿洲-荒漠过渡带	14.790 3	5.571 7	11.095 5	2.318 1	0.208 9	N
	湖滨湿地	26.458	1.692	11.731	5.846 8	0.498 4	LN
含水量 /（g/kg）	山前人工绿洲	232.816 9	29.979 8	86.461 5	38.994 6	0.451	N
	绿洲-荒漠过渡带	115.827 5	62.673 5	76.245	13.723 2	0.18	N
	湖滨湿地	235.007 6	12.642 1	75.120 8	48.535	0.646 1	LN

注：N 表示正态分布（Normal distribution），LN 表示对数正态分布（Logarithmic normal distribution）。

一般变异函数的计算要求数据符合正态分布，否则可能存在比例效应，对数据进行 Komlogorow-Smirnow 法进行正态检验（$P<0.05$），发现绿洲-荒漠过渡带的土壤pH值以及湖滨湿地生态系统的盐分、含水量不符合正态分布，经对数转化后呈正态分布，变异系数计算采用的数据为对数转化后的数据。按照变异系数划分等级，当CV<10％为弱变异性；10％<CV<100％时为中等变异性；CV>100％时为强变异性。据表可知，山前人工绿洲、绿洲-荒漠过渡带、湖滨湿地的土壤pH值属于弱变异性，盐分和含水量均属于中等变异强度，其中山前人工绿洲和湖滨湿地土壤水盐的变异系数均比绿洲-荒漠过渡带大，出现该现象可能是在所选的研究尺度上，由于土壤类型、气候、地貌、施肥耕作、放牧等因素的差异引起。

（2）土壤水盐的半方差函数分析

通过 GS+9.0 软件采用地统计学的半方差函数模拟与分析，根据半方差函数理论及计算模型获得了研究区不同生态系统的土壤水盐的半方差函数模型及其相关参数（表4.8），可知不同生态系统符合半方差模型不同，其中山前人工绿洲土壤pH值和盐分、绿洲-荒漠过渡带土壤盐分和含水量、湖滨湿地土壤含水量均符合高斯模型，而山前人工绿洲土壤含水量、绿洲-荒漠过渡带土壤pH值，湖滨湿地土壤pH值和盐分分别属于指数、线性、指数和球状模型。

山前人工绿洲土壤pH值、绿洲-荒漠过渡带土壤盐分和含水量、湖滨湿地土壤pH值和盐分的块金值/基台值均小于0.25，表现为较强的空间相关性，这表明变异主要受结构性因素（如母质、土壤类型、地形、气候等）影响；山前人工绿洲土壤盐分和含水量以及湖滨湿地土壤含水量的块金值/基台值为0.25~0.75，表现为中等空间相关性，这是由结构性因素与随机性因素（如土地利用、灌溉、施肥、耕种等）综合作用产生，而绿洲-荒漠过渡带土壤pH值的块金值/基台值为1，则说明其整个尺度上具有恒定的变异。变程反映了变量空间自相关范围的大小，其与观测尺度以及在取样尺度上影响土壤养分的各种生态过程的相互作用有关。在变程之内，变量具有空间自相关特性，反之则不存在。从表4.8可以看出，不同生态系统的土壤因子的空间自相关范围具有明显的差异，变程最大的是山前人工绿洲土壤含水量，最小的是绿洲—荒漠过渡带，这说明各生态系统的土壤因子在一定范围内存在空间相关性。

表 4.8　土壤水盐的半方差函数类型及其参数

土壤因子	生态系统	模型	块金值	基台值	块金值/基台值	变程/km	决定系数 R^2
pH 值	山前人工绿洲	高斯	0.039 1	0.161 2	0.242 6	19.1	0.434
	绿洲-荒漠过渡带	线性	0.020 6	0.020 6	1	27.79	0.694
	湖滨湿地	指数	0.063 5	0.294	0.216	101.1	0.364
盐分/(g/kg)	山前人工绿洲	高斯	7.08	18.1	0.391 2	90.2	0.468
	绿洲-荒漠过渡带	高斯	0.01	4.917	0.002	5.28	0.252
	湖滨湿地	球状	0.001	0.421	0.002 4	8.63	0.531
含水量/(g/kg)	山前人工绿洲	指数	376	1 431	0.262 8	173.8	0.338
	绿洲-荒漠过渡带	高斯	0.008 4	0.199 2	0.042 2	78.96	0.32
	湖滨湿地	高斯	1 402	3 028	0.463	22.27	0.677

（3）土壤水盐的空间分布特征

采用 Kriging 插值，选用交叉验证（cross validation）参数评价插值精度：标准平均值（MS）接近 0，预测结果好；均方根预测误差（RMSE）最小，平均标准误差（ASE）接近 RMSE，预测结果好；标准均方根预测误差（RMSSE）接近 1，预测结果好。从表 4.9 中可知，普通克里格对盐分和含水量的插值 MS 最接近于 0，简单克里格对 pH 值的插值 MS 最接近于 0；普通克里格对 3 种土壤因子的插值 RMSE 与 ASE 最为相近，且 RMSSE 接近 1。综合考虑，采用普通克里格对土壤 pH 值、盐分和含水量进行插值，并绘制土壤水盐空间分布见图 4.9。

表 4.9　克里格插值交叉验证参数

土壤因子	克里格类型	标准平均值	均方根预测误差	平均标准误差	标准均方根预测误差
pH 值	普通克里格	0.012 6	0.306 6	0.312 3	0.990 7
	简单克里格	−0.002 3	0.308 2	0.320 2	0.971 4
	泛克里格	0.011 9	0.308 2	0.038 5	8.052 6
盐分 /（g/kg）	普通克里格	−0.003 3	4.153 8	4.235 7	0.985 5
	简单克里格	0.109 9	3.989 4	4.420 3	0.888 9
	泛克里格	0.321 2	4.584 8	0.631 4	7.692 2
含水量 /（g/kg）	普通克里格	−0.023 3	39.497 9	39.233 1	0.978 6
	简单克里格	−0.048 5	40.040 6	42.037 5	1.053 8
	泛克里格	0.102 5	40.040 6	0.600 2	65.884 1

　　由图 4.9 可以看出，艾比湖流域土壤 pH 值和盐分呈现斑块状分布，二者在一定空间范围内具有一定的同步性，即由山前人工绿洲向绿洲-荒漠过渡带到湖滨湿地依次递增；流域 pH 值高值区出现在湖滨湿地即环艾比湖湖周地区，低值区出现在精河中上游和博河上游；盐分高值区出现在西北部阿拉山口附近、艾比湖东南部和精河入湖河口附近，低值区出现在博河上游、精河上游、奎屯河下游以及艾比湖南部沙泉子等地；土壤含水量呈条带状分布，由山前人工绿洲向绿洲-荒漠过渡带到湖滨湿地依次递减、艾比湖北部向南部逐渐减少，高值区出现在博河上游、艾比湖北部科克巴斯陶管护站，低值区出现在艾比湖东部和南部等地。对研究区土壤盐分、pH 值和含水量进行相关性分析，表明土壤盐分与 pH 值和含水量分别呈现极显著正相关、显著负相关，相关性系数分别为 0.45（在 0.01 水平下显著）和 −0.23（在 0.05 水平下显著），即在整个山前人工绿洲-绿洲-荒漠过渡带湖滨湿地生态系统内土壤盐分含量随土壤含水量升高而降低，土壤盐分含量高会导致土壤 pH 值相应升高，可见盐分含量的高低与 pH 值、含水量关系密切。

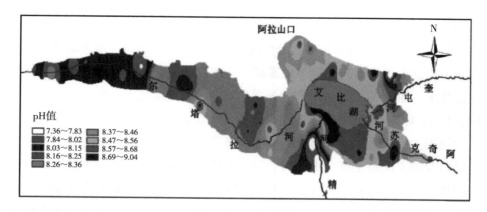

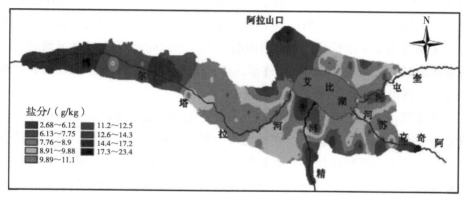

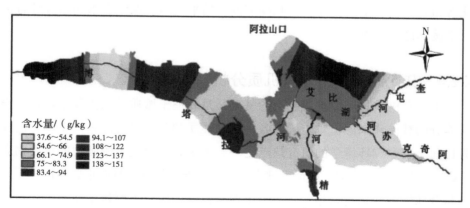

图 4.9 艾比湖流域土壤 pH 值、盐分和含水量空间分布示意图

4.2.3.3　结论

艾比湖流域土壤 pH 值和盐分均由山前人工绿洲向湖滨湿地逐渐增大,含水量由山前人工绿洲向湖滨湿地递减。盐渍化程度而言,山前人工绿洲属中度盐化土,绿洲-荒漠过渡带和湖滨湿地均属于重度盐化土。山前人工绿洲土壤 pH 值、绿洲-荒漠过渡带土壤盐分和含水量、湖滨湿地土壤 pH 值和盐分的空间相关性较强的,主要受结构性因素影响;山前人工绿洲土壤盐分和含水量以及湖滨湿地土壤含水量的空间相关性表现为中等,这是由结构性因素与随机性因素综合作用产生,而绿洲-荒漠过渡带土壤 pH 值的块金值 / 基台值为 1,则说明其整个尺度上具有恒定的变异。艾比湖流域土壤 pH 值和盐分呈现斑块状分布,均由山前人工绿洲向绿洲-荒漠过渡带到湖滨湿地依次递增;土壤含水量呈条带状分布,由山前人工绿洲向绿洲-荒漠过渡带到湖滨湿地依次递减、艾比湖北部向南部逐渐减少;研究区中土壤盐分与 pH 值和含水量分别呈现极显著正相关和显著负相关。

艾比湖流域生态环境的退化,土壤盐渍化的问题严重阻碍了流域绿洲的合理开发与利用,这与流域所在的地理位置、气候、土壤类型、水文条件息息相关,更离不开耕地开垦、地下水灌溉、施肥、土地开发利用等人为活动。各相关部门可以根据实际情况有节制性地进行排水压盐,种植耐盐碱、耐沙化等植物,扩大植物覆盖度,减少蒸发,精平土地,保证灌水均匀等综合措施来缓解这一问题。

4.2.4　艾比湖湿地土壤有机质分析

土壤有机质是形成土壤肥力的基础,是表征土壤质量的重要指标,是土壤养分的载体和来源,对土壤的各种物理性质和肥力具有深刻的影响,已成为目前土壤学和环境学的研究热点之一。土壤有机质是土壤肥力的重要物质基础,在维持土壤结构、保持土壤水分和供应养分等方面具有重要作用,同时也与全球气候变化密切相关。关于土壤有机质的研究主要集中在对不同区域草原、黄土高原丘陵区、不同年限的围栏封育区、不同土地利用方式下土壤性质以及土壤有机质的空间变异性等方面。新疆艾比湖湿地作为典型的干旱区内陆湖泊湿地代表,前人对其的研究多集中在对整个流域土壤有机质空间变异特征上,对艾比湖流域不同植物群落下土壤有机质的空间变化特征的研究较少。因此，以艾比湖湿地不同植物群落作为研究对象，根据野外实地调查取样，结合地统计学方法，在大尺度上综合考虑湿地内各个样方内植被特征及土壤有机质特征，分析不同植物群落下土壤有机质含量空间变化特征以及土壤有机质与影响因子之间的关系。艾比湖湿地有比较特殊的气候和成土母质，对不同植物群落土壤有机质含量进行系统分析有重要意义。为干旱区湿地的恢复和保护提供科学参考依据，为干旱区湿地的研究和管理实践提供相关决策依据。

4.2.4.1　材料与方法

（1）研究区概况

艾比湖国家级自然保护区地处亚欧大陆腹地，远离海洋，属典型的温带干旱大陆性气候。该区域常年干旱少雨，光热充足，保护区日照时数约2 800 h。年平均温度为 6~8 ℃，月最低均温低于 -17 ℃，月最高均温高达 28 ℃，最高极端气温 41.7 ℃，最低极端气温 -32.2 ℃，平均年降水量为105.17 mm，潜在蒸发量为 1 315 mm。艾比湖位于阿拉山口大风主风道上，风沙运动较为活跃，盐尘和浮尘活动频繁。

（2）研究方法

2012 年 5 月、10 月中旬，对艾比湖湿地自然保护区进行野外调查。根据典型植物群落的不同，在博河、精河、奎屯河及鸟岛附近各设置 1 个100 m×100 m 的大样方（图 4.10）。4 个样方中的典型植物群落分别为芦苇群落、碱蓬群落、梭梭群落及盐节木群落（表 4.10）。在 4 个大样方中分别以五点法设置 5 个 10 m×10 m 的小样方，总计 20 个样方。分别调查每个样方内植被的种类、数量、高度、胸径、冠幅，并记录各样方的海拔、经纬度、地理地貌等小环境因素。在每个样方内，选取有代表性的部位挖取土壤剖面，分 0~5 cm、10~20 cm、30~40 cm 和 50~60 cm，自上而下逐层采集土样并放入密封袋。共采集土壤样品 160 个。土样在实验室风干，碾碎后过 60 目筛，标记后封口，在阴凉干燥处贮存备用。有机质测定采用重铬酸钾容量法，重复 3 次。应用传统统计学与地统计学理论以及半方差函数理论模型相结合的方法，分析对比不同植物群落下的土壤有机质含量的分布特征。所有的实验数据均通过狄克松（Dixson）法，P=0.01 水平下的异常值检验，并使用DPS、Excel 2007 及 GS+9.0 等软件绘图。

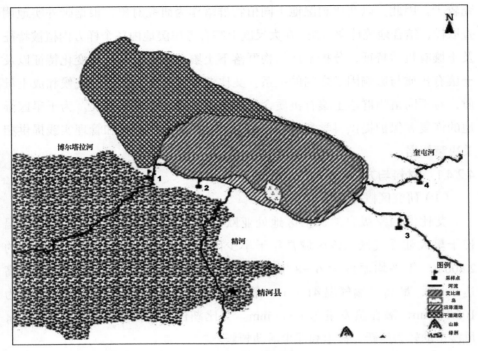

图 4.10　艾比湖采样点示意图

表 4.10　样地描述

样点	经纬度		海拔 /m	群落描述	距湖远近 /km
1	82°43′33.9″ E	44°50′44.1″ N	192	碱蓬群落	4.17
2	82°49′40.7″ E	44°49′36.9″ N	190	芦苇群落	1.27
3	83°16′13.3″ E	44°49′50.8″ N	201	盐节木群落	8.28
4	83°16′07.6″ E	44°41′18.5″ N	205	梭梭群落	8.31

4.2.4.2　结果与分析

（1）不同植物群落下土壤剖面平均有机质含量统计特征

对不同季节各植物群落下土壤有机质含量进行统计分析，统计特征列于（表 4.11）。结果显示，5 月土壤剖面平均有机质含量从高到低依次为碱蓬群落＞芦苇群落＞盐节木群落＞梭梭群落；10 月土壤剖面平均有机质含量从高到低依次为芦苇群落＞盐节木群落＞碱蓬群落＞梭梭群落。不同季节 4 植物群落下土壤有机质含量变化不同，其中芦苇群落下土壤平均有机质含量较高，这主要是由于该区域距湖较近，地下水位较低，因此，该地土壤有机质含量相对较高。通过单因素方差分析可知，不同样地之间土壤含水量存在极显著差异（$F=8.033$，$P=0.008\,5<0.01$），盐分含量（$F=3.845$，$P=0.038\,6<0.05$）也存在显著差异。变异系数（CV）是描述土壤特性参数空间变异性程度的指标，依据 Nielsen 分级标准，当 CV≤10 % 时为弱变异，当 10 %＜CV＜100 % 时为中等变异，当 CV≥100 % 时为强变异性。从变异程度来看，5 月，土壤剖面平均有机质含量的变异系数从高到低依次为盐节木群落＞芦苇群落＞梭梭群落＞碱蓬群落；10 月，土壤剖面平均有机质含量的变异系数从高到低依次为碱蓬群落＞梭梭群落＞芦苇群落＞盐节木群落，变异系数均为10 %～100 %，属于中等变异。说明土壤有机质变化易受到气候、微地形以及湖面积波动等结构性因素的影响，干旱区土壤总体较为贫瘠土壤有机质含量少变异性程度较低。

表 4.11 2012 年 5 月、10 月不同植物群落下平均有机质含量统计特征   单位：%

植物群落	月份	平均值	标准差	变异系数	峰度	偏度	最小值	最大值
碱蓬群落	5 月	2.089 6	0.281 8	13.48	-0.044	0.168 4	1.551 6	2.732 4
	10 月	0.215 4	0.153	71.04	3.858	0.042 3	0.032 7	0.763 2
梭梭群落	5 月	0.000 5	0.000 2	37.35	-0.614 3	-0.112 5	0.000 4	0.000 8
	10 月	0.097 9	0.064 9	66.28	0.845 5	0.911 3	0.027 8	0.269 7
芦苇群落	5 月	1.672 2	0.675 6	40.4	-2.337 8	-0.147 5	0.380 6	2.537 2
	10 月	0.375 8	0.186 4	49.61	1.151	-0.317 5	0.040 2	1.819 3
盐节木群落	5 月	0.945 6	0.463 2	48.98	0.226 3	-0.06	0.000 8	0.790 4
	10 月	0.225 6	0.100 6	44.61	-2.427 3	-0.036	0.038 3	0.602

（2）土壤剖面各层有机质变化特征

由图 4.11 可知，2012 年 5 月各植物群落下土壤有机质含量为高低表现：碱蓬群落＞芦苇群落＞盐节木群落＞梭梭群落。2012 年 10 月各植物群落下土壤有机质含量为高低表现：芦苇群落＞盐节木群落＞碱蓬群落＞梭梭群落。通过对比分析发现，不同季节各植物群落下土壤有机质含量变化较为显著。其中 5 月各植物群落下土壤有机质含量明显高于 10 月各植物群落下土壤有机质含量，而且变化最为显著的是碱蓬群落和盐节木群落。综合来看，不同季节芦苇群落下土壤有机质含量相对较高。4种植物群落下各层土壤有机质含量也存在差异，而且各层土壤有机质含量在4种植物群落下表现出不同的变化趋势，碱蓬群落下各层土壤有机质含量在。-5 cm和50～60 cm较高，芦苇群落和盐节木群落各层土壤有机质含量在10～20 cm较高，梭梭群落下各层土壤有机质含量差异较小。而且，5月各层土壤有机质含量变化较为显著，10月各植物群落下各层土壤有机质含量变化较小。

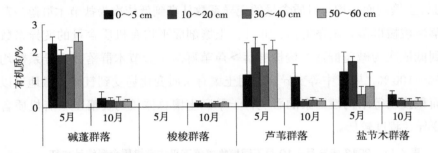

图 4.11   典型植物群落下各层土壤有机质含量季节变化特征

（3）土壤有机质的空间变异性分析

根据半方差函数理论及计算模型得出不同植被群落下土壤有机质变异函数模型及相关参数（表 4.12、图 4.12 和图 4.13）。可以看出，除了 5 月盐节木群落下土壤有机质属于球状模型和 10 月梭梭群落下土壤有机质属于指数模型外，其他支取群落下土壤剖面平均有机质含量的半方差理论模型均符合高斯模型。表 4.12 中 C_0 为块金值；C_0+C_1 为基台值；$C_0/(C_0+C_1)$ 可以表明土壤性质空间相关性的程度高低。如果 $C_0/(C_0+C_1)$ 小于 25 %，表现为强空间相关性：25 %～75 % 的空间相关性中等；大于 75 %，空间相关性很弱；若比值接近于 1，说明在整个尺度上具有恒定的变异。4 种植被群落下，除了 5 月梭梭群落下土壤剖面平均有机质含量的 $C_0/(C_0+C_1)$ 值大于 25 % 外，其余土壤剖面平均有机质含量的 $C_0/(C_0+C_1)$ 值均小于 25 %，可见，不同植物群落下土壤剖面平均有机质含量均表现为较强的空间自相关性。通过对结构方差和块方差与基台值的比值分析可知，研究区不同植物群落下土壤有机质的空间差异主要属于结构性差异，由当地小气候、土壤类型等结构性因素引起，并且在不同植物群落下结构性差异在总变异中所占比值不同，5 月芦苇群落土壤剖面平均有机质含量的块金常数和基台值明显高于其他植物群落，表明前者的总变异程度大于后者。从自相关距看，变程反应区域化变量空间相关范围的大小，与观测尺度以及取样尺度上影响土壤水盐的各种生态过程的相互作用有关。5月，芦苇群落和梭梭群落下土壤有机质含量的相关距离明显高于其他植被群落，说明2种植被群落土壤有机质的空间变异范围较大；10月，芦苇群落和盐节木群落下土壤有机质含量的相关性距离明显高于其他植被群落，说明2种植被群落土壤有机质的空间变异范围较大。综合来看，不同季节芦苇群落下土壤有机质的空间变异范围均较大。

表 4.12　土壤有机质的半方差模型及其参数

类型	月份	理论模型	C_0	C_0+C_1	$C_0/$ （C_0+C_1）	a/m	R^2	残差 RSS
碱蓬群落	5 月	高斯模型	0.000 14	0.004 2	0.033 33	72.05	0.999	1.21E-09
	10 月	高斯模型	0.000 001	0.002 9	0.000 34	71.53	0.985	5.49E-08
梭梭群落	5 月	高斯模型	0	0	0.308 64	182.56	0.998	9.75E-21
	10 月	指数模型	0	0.000 1	0.001 1	91.5	0.939	7.24E-11
芦苇群落	5 月	高斯模型	0.000 1	0.154 2	0.000 65	190.35	0.999	1.1E-06
	10 月	高斯模型	0.000 01	0.2	0.000 5	192.26	0.998	1.11E-07
盐节木群落	5 月	球状模型	0.000 159	0.001 4	0.109 81	43.1	0.485	8.67E-08
	10 月	高斯模型	0.000 001	0.000 7	0.001 37	109.81	0.999	3.54E-10

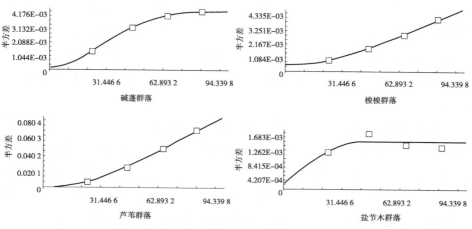

图 4.12　2012 年 5 月不同植物群落下土壤有机质的半方差函数

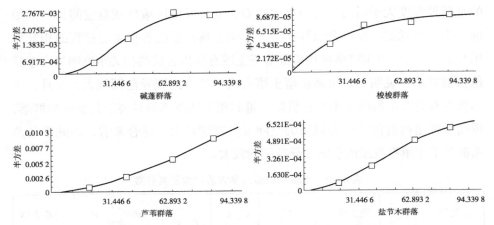

图 4.13　2012 年 10 月不同植物群落下土壤有机质的半方差函数

4.2.4.3　结论

各植物群落距湖距离由近到远依次为芦苇群落＜碱蓬群落＜盐节木群落＜梭梭群落。不同季节 4 种植物群落土壤有机质含量变异系数均为中等。不同植物群落各层土壤有机质含量存在差异，5 月各植物群落土壤有机质含量明显高于 10 月各植物群落土壤有机质含量，而且碱蓬群落和盐节木群落的变化最为显著，这可能因为研究区干旱、高温的气候条件下，好氧微生物比较活跃，增加了有机质的矿化分解量，不利于有机质的累积。

从空间结构性分析来看，不同植物群落下土壤有机质含量在一定的区域范围内具有空间结构特征，且各群落下土壤有机质具有较强的空间自相关性。说明随机性因素对土壤水盐含水量空间分布的贡献较小其变异主要受气候、土壤母质、地形等结构性因素引起，5 月芦苇群落的总变异程度大于其他植物群落。

通过研究表明，植物本身对土壤有机质含量具有一定的影响。随着土层深度的增加，微生物数量减少，分解速率降低，有机质向下迁移量减少，有机碳质量分别呈下降趋势。微生物在土壤不同层次表现的特异性致使土壤有机质含量呈现出不均匀的垂直分布规律。因此，土壤有机质变化会影响植物群落的空间分布格局，与此同时，植物群落的变化在一定程度上能够改善土壤有机质含量，提高土壤肥力。

4.2.5　艾比湖湿地土壤全磷分析

磷素是湿地生态系统中主要的限制性生态要素之一，在土壤中存在着多种形态，各形态间的转换关系也较为复杂。磷素在土壤中移动性较差，是植物生长的主要限制因子。磷含量及存在形态影响着湿地生态系统的生产力和生物地球化学过程。在国外，Du 等（2007）研究发现生物量对土壤总磷的影响较为显著；Rogera 等（2014）发现瑞士农田、草地和高山牧场中土壤总磷差异显著且永久草地土壤磷含量最高。国内学者对淡水湿地和滨海湿地土壤碳、氮、磷的时空变化特征的研究较多。研究表明太湖流域土壤磷素的空间分布具有明显的斑块状特点，尤其沿江平田区、地势低洼的圩田及低平田区磷素的含量相对较高（刘付程 等，2003）；路鹏等（2005）研究了洞庭湖流域典型景观单元全磷含量的空间变异特征及其风险性；周慧平等（2007）研究发现成土母质是影响巢湖流域土壤全磷含量空间变异的主要因素；关于干旱区盐碱化较重湿地土壤全磷的空间分布特征的研究还不多，白军红等（2010）研究发现内陆碱化湿地土壤全磷含量在不同季节表现出不同的异质性，且均由表层向下呈减小趋势；研究发现干旱荒漠区旱生灌木根际土壤磷含量与非根际土壤磷含量差异显著，且根际、非根际土壤有效磷和 pH 值相关性显著；艾尤尔·亥热提等（2015）运用地统计学方法研究了艾比湖湿地博河和精河下游小尺度上的碱解氮、速效钾的空间分布特征，而在大尺度上研究艾比湖不同植物群落土壤养分的相对较少；地统计学在大尺度上开展土壤属性的空间变异及制图研究已被广泛应用。研究艾比湖湿地典型植物磷素的空间分布特征，可为干旱区湖泊湿地土壤中养分的输移、湿地生产力以及生物小循环等研究奠定基础，为湿地生态修复与重建提供理论依据。

4.2.5.1　材料与方法

（1）研究区概况

艾比湖湿地位于新疆精河县西北，地理坐标为 82°33′47″～83°53′21″ E，44°31′05″～45°09′35″ N，其南、西、北三面环山，湖面海拔 189 m，是准噶尔盆地西南部最低洼地和水盐汇集中心。艾比湖湿地属于典型的温带大陆性气候，平均年降水量约为 105.17 mm，蒸发量为 1 315 mm，湖水矿化度为 124.5 g/L，随着入湖水量的减少，湖泊面积由 1 200 km² 到目前 500 km² 左右，属于典型的内陆咸水湖泊湿地。由于地处阿拉山口下风向，年平均大风天数为 168 d，风沙、盐尘和浮尘频发。本研究选择以艾比湖湖心质点（44°52′N，83°02′E）为中心，在距离湖滨 5~15 km 范围内环湖 1 周 160 km，将艾比湖划分为东北、东南、西南、西北 4 个区域。西北部为玛依力山的延伸部分，由古生代和新生代的变质砂岩、砾岩、花岗岩等组成，基本为岩质荒漠；东北部由覆盖于湖积平原之上的玛依力山冲洪积物质经风蚀后形成，土壤类型属于灰棕漠土，主要发育有梭梭、柽柳、胡杨等耐盐碱植被；东南为河流冲积平原和湖积平原，同时叠加有风成地貌，该区地势较为平坦，在老湖积平原上多形成盐池及湖积堤；在西南湖滨区土壤重度盐渍化和沙化，湖滨植被主要以芦苇为主，植被覆盖度为 10 %~20 %，在博河和精河入湖口形成湖滨三角洲平原，土壤主要以粉砂和亚黏土为主，植被覆盖度在 60 % 以上，西北、东北、东南和西南 4 个区域的典型植被依次为梭梭-柽柳、梭梭、胡杨和芦苇群落。

（2）土壤样品采集和分析

2015 年 8 月，在艾比湖湿地内梭梭-柽柳、梭梭、胡杨和芦苇典型植物群落下分别设置 7 个、12 个、12 个、25 个样地，自下而上逐层采集土壤样品，分 0~5 cm、5~10 cm、10~20 cm、20~40 cm、40~60 cm，同时在一些特殊样地适当增加 60~80 cm、80~100 cm 土样，共采集土壤样品 296 个，详细记录采样点的植被类型，经纬度及高程等相关信息（图 4.14）。土壤含水量用烘干法，在 105 ℃烘箱中将土样烘至恒重；样品经自然风干后，剔除石块和植物根茎等杂物，经过磨细后，过 20 目筛，按照水土比 5 : 1，采用玻璃电极测定土壤 pH 值；过 100 目筛，用碱熔-钼锑抗比色法测定土壤全磷。

（3）数据统计分析

运用 Excel 2003 对数据进行整理，用 SPSS 17.0 进行统计分析，用非参数检验中的 K-S 检验分析数据是否符合正态分布，不符合正态分布的经过对数或其他方式变换成正态分布，将数据导入 GS＋9.0 地统计软件中，进行半方差函数拟合和地统计分析；运用 ArcGIS 10.0 软件对数据进行 Kriging 插值。

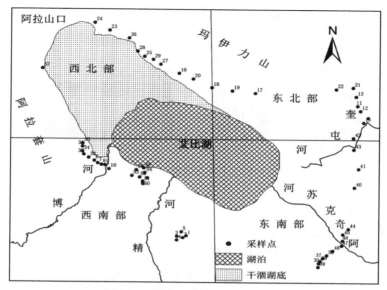

图 4.14　研究区土壤采样点示意图

4.2.5.2　结果与分析

（1）不同植物群落下土壤全磷含量的描述性统计特征

对不同植物群落下土壤全磷含量进行统计学分析，结果表明：土壤全磷含量变化范围为 0.46～1.64 g/kg，平均值为 0.77 g/kg；不同植物群落下土壤剖面全磷含量从高到低依次为梭梭群落（1.02 g/kg）＞梭梭-柽柳群落（0.86 g/kg）＞芦苇群落（0.8 g/kg）＞胡杨群落（0.65 g/kg）。单因素方差分析显示，不同区域土壤全磷含量存在极显著性差异（$P<0.01$），296 个土样全磷含量的频数统计表明：含量在 0.6～0.9 g/kg 的样本频数最多，按照全国第二次土壤普查标准，研究区土壤全磷含量处于偏高水平。

如图 4.15 所示，土壤全磷在垂直剖面上因植物群落的不同而呈现出不同的变化趋势，其中梭梭植物群落土壤全磷含量随土层深度的增加而减少，而梭梭-柽柳群落呈现出相反的变化趋势，胡杨和芦苇群落全磷在垂直方向上无明显的规律，但二者的高值分别出现在 20～40 cm 和 5～10 cm。不同植物群落下各土层之间全磷含量变异系数范围为 10 %～100 %，属于中等程度变异。经过单因素方差分析，显著性 $P<0.05$，所以，各层土壤全磷含量差异性显著，存在本底差异。

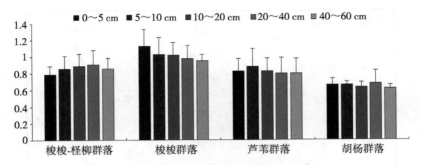

图 4.15　不植物群落下不同深度土壤全磷含量变化特征

（2）半方差函数分析

半方差函数是区域化变量在分隔距离上各样本变异的度量，并被证明是研究那些在空间分布上既有随机性又有结构性自然现象的有效工具。对不同植物群落土壤全磷含量进行半方差函数分析，得到具体的数据参数（表 4.13）。其中块金值（C_0）表示由于实验误差和小于取样尺度引起的变异；基台值（C_0+C）表示总体的变异情况；块金效应（C_0/C_0+C）反映变量空间变异的来源，比值越大表明人为随机性因素（灌溉、施肥、耕作等人为活动）的影响越明显；反之结构性因素（母质、气候、生物、地形等自然因素）的影响占主要地位。块金效应＜25%，说明系统具有强烈的空间相关性；块金效应在 25%～75%，表明系统具有中等的空间相关性；块金效应＞75%，表明系统空间相关性很弱。如表 4.13 所示，梭梭-柽柳群落和梭梭群落土壤全磷含量拟合模型为高斯模型，胡杨群落和芦苇群落拟合模型为球状模型，且不同植物群落空间变异块金值与基台值之比均小于 25%，表明全磷含量具有强烈的空间相关性，说明其空间变异性主要是由成土母质、地形、气候等结构性因素引起。变程反映土壤性状的空间相关有效距离，不同植物群落全磷的变程范围为 1.6～4.66 km，梭梭-柽柳群落明显小于其他植物群落，表明其空间自相关距离最小。

（3）不同植物群落土壤全磷含量的空间插值特征

通过 Kriging 插值法得到不同植物群落下土壤各土层全磷的空间分布（图 4.16）。由图 4.16 可知，0～5 cm 和 5～10 cm 土壤全磷含量高值出现在梭梭群落，并逐渐向湖滨地带降低，这主要与土壤母质和大面积梭梭林的分布有关，10～20 cm、20～40 cm 和 40～60 cm 高值出现在东北部的梭梭群落和西南部的芦苇群落，并呈条带状向湖滨逐渐递减，由于在艾比湖精河入湖口实施的引水围堰工程，使芦苇湿地得到恢复，土壤养分不断积累，土壤全磷含量相对较高。低值主要出现在胡杨群落，由于胡杨群落所在的阿奇克苏河流域土壤盐渍化较重，植被覆盖度低，导致该区土壤养分含量较低。

表4.13　土壤全磷的半方差函数理论模型及相关参数

植物群落	理论模型	块金值 C_0	基台值 C_0+C	块金值／基台值 $C_0/(C_0+C)$（%）	变程／km	决定系数 R^2
梭梭-柽柳群落	高斯模型	0.000 01	0.006 49	0.154	1.6	0.55
梭梭群落	高斯模型	0.000 01	0.027 3	0.037	2.76	0.828
胡杨群落	球状模型	0.000 01	0.018 5	0.054	4.66	0.427
芦苇群落	球状模型	0.000 1	0.036 5	0.274	2.77	0.657

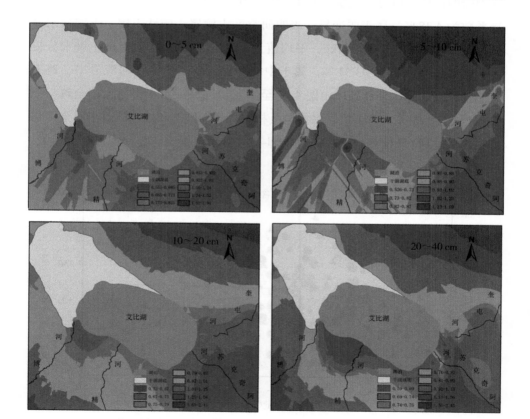

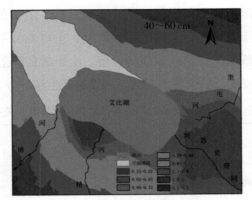

图 4.16　各层土壤全磷空间分布示意图

（4）不同植物群落土壤全磷和土壤含水量、pH 值之间的关系

土壤 pH 值是土壤盐渍化程度的重要指标，通过影响微生物活动来影响土壤中磷的矿化。研究区土壤 pH 值变化范围为 7.01～9.17，平均值为 7.85，变异系数为 4.38 %，属于弱变异，表明研究区土壤属于碱性土壤。土壤含水量变化范围为 0.99～255.19 g/kg，平均值为 62.32 g/kg，表明研究区土壤水分较为缺乏，变异系数为 93.31 %，属于中等变异，高值主要在河流沿岸、地下水位较高以及泉水外涌处。由图 4.17 至图 4.20 可知，芦苇群落土壤全磷与土壤 pH 值呈正相关，与土壤含水量呈负相关；胡杨群落和梭梭群落土壤全磷与土壤含水量和 pH 值均呈正相关；柽柳-梭梭群落土壤全磷与含水量呈正相关，与 pH 值呈负相关。

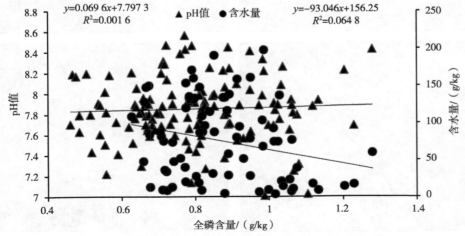

图 4.17　芦苇群落土壤全磷与土壤 pH 值和含水量的相关关系

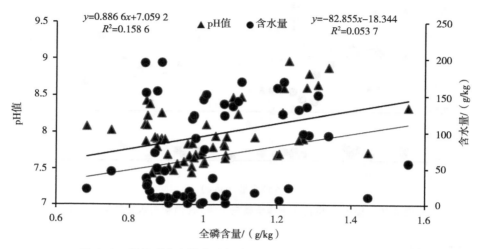

图 4.18　胡杨群落土壤全磷与土壤 pH 值和含水量的相关关系

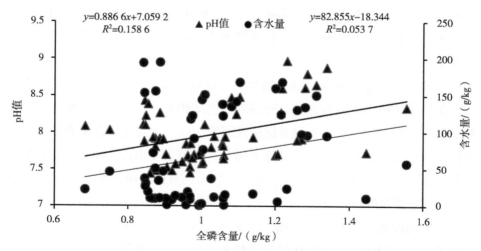

图 4.19　梭梭群落土壤全磷与土壤 pH 值和含水量的相关关系

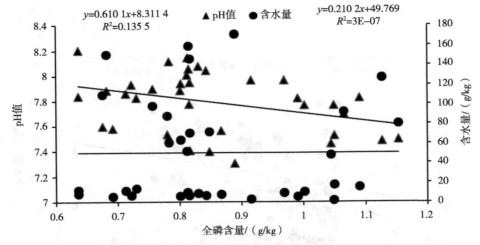

图 4.20 梭梭-柽柳群落土壤全磷与土壤 pH 值和含水量的相关关系

4.2.5.3 结论

不同植物群落下土壤全磷含量变化范围为 0.46～1.64 g/kg，其中梭梭群落＞梭梭-柽柳群落＞芦苇群落＞胡杨群落，属于中等程度变异。土壤全磷含量垂直方向上梭梭群落表现为递减的趋势，梭梭-柽柳群落则相反，胡杨和芦苇群落在垂直方向上变化不大，且各层土壤全磷含量差异性显著，属于中等程度变异。

柽柳-梭梭群落和梭梭群落土壤全磷含量拟合模型为高斯模型，胡杨和芦苇群落为球状模型，全磷含量具有强烈的空间相关性，表明其空间变异性主要是由成土母质、地形、气候等结构性因素引起。土壤全磷含量高值在东北部的梭梭群落并向湖滨呈条带状逐渐降低，低值主要出现在胡杨群落，阿奇克苏河流域土壤全磷含量最低。引水围堰生态恢复措施使芦苇湿地得到恢复，该区土壤全磷含量相对较高。

艾比湖湿地土壤全磷与土壤含水量和土壤 pH 值相关性不尽相同，其中梭梭-柽柳群落土壤全磷与 pH 值呈负相关，与土壤含水量呈正相关；梭梭和胡杨群落全磷与 pH 值和含水量呈正相关；芦苇群落土壤全磷与 pH 值呈正相关，与土壤含水量呈负相关。

4.2.6 土壤酶活性季节变化分析

土壤酶在湿地生态系统的物质循环中起重要作用，它参与土壤中一切生物化学反应，其活性大小易受季节变化、土壤环境、植物类型的影响，因此，土壤酶活性可作为衡量湿地生态环境演变的重要指标。近年来，对湿地土壤酶的变化规律及影响因素进行了一系列研究。国外学者主要以磷酸酶、芳基硫酸酯酶、蛋白酶及酚氧化酶为指标，研究了不同类型的沼泽湿地及湿地土壤的酶活性特征，发现在草本沼泽中酶活性有明显的变化规律，而在藓类沼泽湿地变化不明显，其中水位和温度是影响酶活性的主要因素。国内学者研究了在鄱阳湖、梁子湖和白洋淀等淡水湖泊湿地土壤纤维二糖酶、过氧化物酶、磷酸酶、脲酶，结果显示，不同种类酶活性随季节的变化规律有所差异，土壤水分、有机质和温度对其影响显著。关于干旱区土壤酶活性的研究主要集中在黄土高原沟壑区、云雾山丘陵、盐池沙地、石羊河草地、甘家湖湿地等生态系统，而对高盐湖泊湿地土壤酶活性的研究较少。

艾比湖湿地作为干旱区典型的高盐湖泊湿地，新疆第一大咸水湖，对动植物栖息、生物多样性和区域生态平衡的维护有着重要意义。选用过氧化氢酶、脲酶、磷酸酶和蔗糖酶，对艾比湖东大桥和鸭子湾管护站内胡杨（*Populus euphratica*）、芦苇（*Phragmites australis*）、盐节木（*Halocnemum strobilaceum*）和梭梭（*Haloxylon ammodendron*）等典型植物群落及不同土壤类型的酶活性进行研究，结果表明，土壤养分和水分是影响酶活性的主导因子，但对植物不同生长周期土壤酶活性动态的研究较少。为此，本研究以芦苇和柽柳2种耐盐碱植物群落为对象，利用通径分析定量解释不同生长周期土壤过氧化氢酶、磷酸酶和脲酶的影响因素及其变化规律，筛选出高盐湖泊湿地土壤酶的指示指标，以期为湿地生态环境的保护与管理提供科学依据。

4.2.6.1 研究地区概况与研究方法

（1）研究区概况

研究区位于艾比湖湿地国家级自然保护区（44°30′～45°09′ N，82°36′～82°50′ E），该区域属温带大陆性干旱气候，年降水量100 mm，年蒸发量1 600 mm，蒸发量是降水量的16倍，气候极端干旱，全年8级以上大风 165 天。试验地选在保护区的鸟岛管护站，湖滨湿地南岸，典型植物群落为芦苇和柽柳，其中芦苇群落平均株高为 2.16 m，不同生长期覆盖度为 54 %～69 %；柽柳群落平均高度为 1.68 m，不同生长期覆盖度为 40 %～55 %。芦苇和柽柳群落土壤类型均为粉砂质壤土，平均粒径分别为 64.86 μm 和 39.54 μm，表层土含盐量为 17.81 g/kg 和 18.92 g/kg，根据盐分分级标准，土壤为重度盐化土。干旱、高盐和大风成为湿地生境恶化的主要因素。

（2）研究方法

在鸟岛管护站典型植物芦苇和柽柳群落各设 3 个 100 m × 100 m 大样方，采用 5 点法，在每个样方内设置 5 个 10 m × 10 m 的小样方（图 4.21）。在 2015 年 4 月、5 月、6 月、8 月和 9 月，调查样方内植物群落特征，记录植物的株数、高度，并计算冠幅和覆盖度。根据植物特征，芦苇生长季分为萌芽期（4 月）、迅速生长期（5 月）、展叶期（6 月）、生长旺盛期（8 月）、枯黄期（9 月）；柽柳分为萌芽期（4 月）、展叶期（5 月）、开花期（6 月）、生长旺盛期（8 月）、枯黄期（9 月）。土壤样品的采集分 5 层，分别为 0～5 cm、5～10 cm、10～20 cm、20～40 cm、40～60 cm。采集样品后去除杂质，经自然风干后，过筛保存。

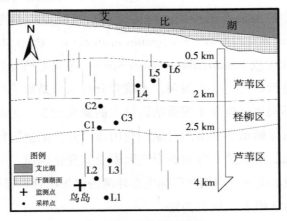

图 4.21　研究区示意图

注：L1～L6，芦苇群落；C1～C3，柽柳群落。

（3）测定项目与方法

过氧化氢酶活性采用紫外分光光度法，磷酸酶采用磷酸苯二钠比色法

（pH 值 9.4 硼酸盐缓冲液）。脲酶采用苯酚钠-次氯酸钠比色法测定，土壤有机质、全磷、总盐、铵态氮、硝态氮、土壤含水量和温度参照文献测定。

（4）数据处理

采用 SPSS 17.0 和 Excel 2003 软件对数据进行统计分析。采用单因素方差分析法（One-way ANOVA）进行方差分析，用 Pearson 法对土壤酶活性和理化因子进行相关性分析（P=0.05），并进一步建立逐步回归方程进行通径分析。利用 Excel 2003 软件作图。

4.2.6.2　结果与分析

（1）芦苇和柽柳群落不同生长期土壤酶活性的动态变化

由图 4.22 可知，2 种植物群落土壤表层（0～5 cm）酶活性均显著高于其他各层，且占总酶活性的比例较大，芦苇群落土壤表层过氧化氢酶、磷酸酶和脲酶所占比例分别为 51.6 %、58.1 % 和 56.6 %，柽柳群落所占比例分别为 43.7 %、48.4 % 和 42.1 %。从植物不同生长期来看，芦苇群落土壤过氧化氢酶、磷酸酶和脲酶活性峰值均出现在生长旺盛期（3.26 mg/g、0.6 mg/g、0.33 mg/g），谷值出现在萌芽期（0.67 mg/g、0.17 mg/g）和展叶期（0.18 mg/g）。三者的变化趋势略有差异，过氧化氢酶和磷酸酶表现为：生长旺盛期＞枯黄期＞迅速生长期＞展叶期＞萌芽期，脲酶表现为：生长旺盛期＞枯黄期＞迅速生长期＞萌芽期＞展叶期。方差分析显示，3 种酶活性在不同生长期的差异不同，过氧化氢酶活性除萌芽期与迅速生长期差异不显著外，其他各生长期之间均呈显著差异，磷酸酶活性在不同生长期之间均呈显著差异，脲酶活性除了生长旺盛期与其他生长期差异显著外，其他各生长期之间差异均不显著。

柽柳群落中，土壤过氧化氢酶活性峰值出现在枯黄期（6.33 mg/g），均显著高于其他生长期，谷值出现在开花期（2.02 mg/g），呈现出枯黄期＞展叶期＞萌芽期＞生长旺盛期＞开花期；磷酸酶活性变化规律与脲酶略有不同，二者的峰值均出现在枯黄期（0.58 mg/g、0.21 mg/g），谷值出现在生长旺盛期（0.37 mg/g、0.1 mg/g），磷酸酶表现为枯黄期＞展叶期＞开花期＞萌芽期＞生长旺盛期，脲酶活性则表现为枯黄期＞萌芽期＞开花期＞展叶期＞生长旺盛期。

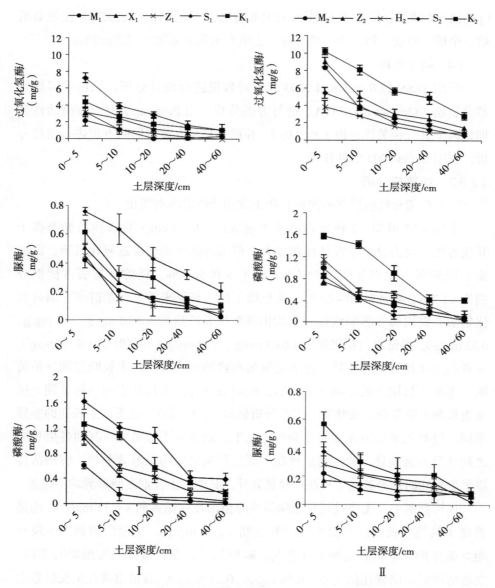

图 4.22　芦苇和柽柳群落不同生长期土壤酶活性

注：Ⅰ，芦苇群落；Ⅱ，柽柳群落；M_1，萌芽期；X_1，迅速生长期；Z_1，展叶期；S_1，生长旺盛期 V；K_1，枯黄期；M_2，萌芽期；Z_2，展叶期；H_2，开花期 S_2，生长旺盛期；K_2，枯黄期；全书同。

　　不同植物群落间土壤酶活性也存在一定差异，柽柳群落过氧化氢酶活性显著高于芦苇群落，脲酶活性显著低于芦苇群落，磷酸酶在 2 个植物群落中无显著差异。

　　（2）芦苇和柽柳群落不同生长期土壤理化因子的动态变化

　　由图 4.23 可知，2 种植物群落不同生长期土壤有机质、全磷、总盐、土壤温度、pH 值、铵态氮和硝态氮均随土层深度的增加而减少，土壤含水量随着土层深度的加深而增大，其中，有机质和总盐表层含量与各土层间差异显著。芦苇群落土壤有机质、温度、总盐、全磷和铵态氮的峰值均出现在生长旺盛季，硝态氮则出现在迅速生长期，含水量在枯黄期出现峰值（0.17%），pH 值无明显变化，但总体大于 7，属碱性土壤。柽柳群落土壤有机质、全磷含量在枯黄期出现峰值（79.46 g/mg、1.3 g/kg），温度、含水量在开花期、萌芽期出现峰值（31.3 ℃、0.13%），总盐和铵态氮均在生长旺盛期出现峰值（88 g/kg、23.4 mg/kg），硝态氮在展叶期达到最大，pH 值的变化不显著。2 种植物群落土壤铵态氮属于强变异程度，全磷和 pH 值变异较小，芦苇群落土壤有机质和盐分质量分数小于柽柳，全磷和含水量高于柽柳。

　　（3）芦苇和柽柳群落不同生长期土壤酶活性的影响因素

　　①相关性分析。由表 4.14 可以看出，芦苇不同生长期有机质与酶活性呈显著正相关；全磷除萌芽期外，与其他各生长期酶活性均呈显著正相关；土壤酶活性与全盐和含水量的相关性不显著；除枯黄期外，各期酶活性与土壤温度呈显著正相关；pH 值在各个生长期与酶活性呈现不同的相关关系；除迅速生长期外，铵态氮与土壤酶活性的相关性不显著。

　　柽柳群落土壤酶活性与有机质、全磷呈显著正相关，与全盐的相关性不显著；开花期土壤酶活性与含水量均呈显著负相关；萌芽期酶活性、开花期磷酸酶和脲酶及生长旺盛期过氧化氢酶和磷酸酶与土壤温度呈显著正相关；萌芽期和展叶期 pH 值与 3 种酶活性呈显著正相关，生长旺盛期与酶活性显著负相关；除展叶期，其他各生长期酶活性均与铵态氮呈显著正相关；萌芽期、展叶期土壤酶活性与硝态氮呈显著正相关。

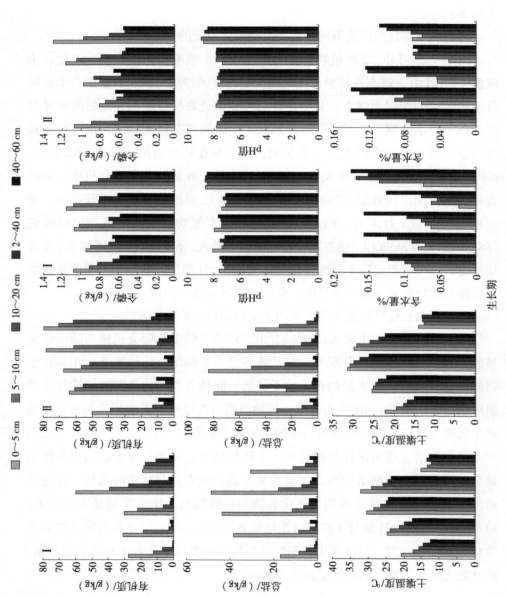

图 4.23　芦苇（Ⅰ）和柽柳（Ⅱ）群落不同生长期土壤理化因子特征

表 4.14　芦苇（Ⅰ）和柽柳（Ⅱ）群落不同生长期土壤理化因子和土壤酶活性的相关系数

群落	生长期	酶活性	有机质	全磷	全盐	含水量	土壤温度	pH 值	铵态氮	硝态氮
Ⅰ	M₁	过氧化氢酶	0.757**	0.405	0.511	−0.664	0.951*	0.155	0.581	0.881*
		磷酸酶	0.97**	0.369	0.374	−0.451	0.929*	0.433	0.586	0.767
		脲酶	0.87*	0.212	0.644	−0.239	0.792*	0.616	0.603	0.86
	X₁	过氧化氢酶	0.691**	0.693**	0.754	−0.762	0.958*	0.64**	0.905*	0.771
		磷酸酶	0.893**	0.959**	0.719	−0.341	0.875*	0.746**	0.953**	0.812
		脲酶	0.762**	0.824**	0.542	−0.367	0.96**	0.852**	0.892*	0.831
	Z₁	过氧化氢酶	0.463*	0.544*	0.147	−0.668	0.914*	0.32	0.886	0.577
		磷酸	0.94**	0.685**	0.323	−0.731	0.971**	0.725**	0.878	0.678
		脲酶	0.896**	0.7**	0.426	0.763	0.842	0.587**	0.867	0.533
	S₁	过氧化氢酶	0.838**	0.827**	0.465	−0.499	0.977**	−0.313	−0.71	0.237
		磷酸酶	0.905**	0.933**	0.547	−0.751	0.969**	−0.392	−0.649	0.257
		脲酶	0.399**	0.304*	0.12	−0.523	0.941*	−0.8*	−0.865	0.086
	K₁	过氧化氢酶	0.306*	0.354*	0.709	−0.799	0.833	−0.033	0.547	0.816
		磷酸酶	0.705**	0.794**	0.393	−0.844	0.861	−0.032	0.723	0.892*
		脲酶	0.827**	0.823**	0.356	−0.009	0.726	−0.066	0.399	0.705
Ⅱ	M₂	过氧化氢酶	0.691**	0.389*	0.358	−0.893	0.954*	0.72**	0.993**	0.966**
		磷酸酶	0.988**	0.826*	0.64	−0.849	0.903*	0.965**	0.975**	0.962**
		脲酶	0.986**	0.875**	0.689	−0.903	0.975**	0.968**	0.926**	0.92**
	Z₂	过氧化氢酶	0.861**	0.634*	0.838	−0.861	0.835	0.919**	0.616	0.871**
		磷酸酶	0.924**	0.771**	0.538	−0.419	0.823	0.906**	0.713	0.905**
		脲酶	0.746**	0.867*	0.481	−0.589	0.909	0.793**	0.569	0.941**

续表

群落	生长期	酶活性	有机质	全磷	全盐	含水量	土壤温度	pH 值	铵态氮	硝态氮
Ⅱ	H_2	过氧化氢酶	0.22^{**}	0.726^{*}	0.47	-0.921^{*}	0.862	-0.12	0.916^{*}	-0.419
		磷酸酶	0.868^{*}	0.708^{**}	0.208	-0.927^{*}	0.943^{*}	0.123	0.895^{*}	-0.373
		脲酶	0.736^{*}	0.754^{**}	0.687	-0.392	0.92^{*}	0.184	0.893^{*}	-0.351
	S_2	过氧化氢酶	0.648	0.912^{*}	0.323	-0.759	0.977^{**}	-0.903^{**}	0.938^{*}	0.664
		磷酸酶	0.361^{**}	0.856^{*}	0.59	-0.874	0.914^{*}	-0.229^{**}	0.896^{*}	0.632
		脲酶	0.302^{**}	0.923^{*}	0.699	-0.487	0.81	-0.575^{**}	0.907^{*}	0.779
	K_2	过氧化氢酶	0.722^{*}	0.651^{**}	0.679	-0.326	0.865	0.333	0.859^{*}	0.799
		磷酸酶	0.799^{*}	0.479^{*}	0.619	-0.602	0.762	0.456	0.968^{**}	0.729
		脲酶	0.409^{**}	0.33^{*}	0.15	-0.648	0.694	0.633	0.996^{**}	0.879

注：* 表示差异在 0.05 水平显著相关；** 表示差异在 0.01 水平显著相关。

②通径分析。通径分析是一种多元统计技术，可以通过自变量对因变量的直接通径系数和间接通径系数，揭示各自变量对因变量的相对重要性。土壤性质与酶活性之间存在复杂的相关关系，简单的相关分析不能全面考察变量间的关系。因此，为了正确评价土壤理化因子对酶活性的影响程度，本研究选择直接通径系数与通径系数总和，定量研究土壤理化因子对酶活性的影响。

由表 4.15 可知，芦苇萌芽期和枯黄期土壤铵态氮和全磷对过氧化氢酶的直接通径系数较大，反映出二者的直接作用是影响过氧化氢酶活性的主要方式；迅速生长期、生长旺盛期土壤有机质和铵态氮对其直接作用较大；展叶期土壤温度和有机质对过氧化氢酶的直接影响相较于其他理化因子更显著。萌芽期土壤含水量、全磷对磷酸酶和脲酶的间接系数是直接系数的 2.7 倍、2.8 倍和 3 倍、3.3 倍，表明二者对酶活性有显著的间接作用；迅速生长期、展叶期土壤有机质与其之间的直接和间接系数均较大，含水量对酶活性有直接负效应和较大的间接正效应；生长旺盛期有机质、全磷是直接影响酶活性的主要因素；枯黄期含水量对酶活性表现出一定的抑制作用；不同生长期，土壤 pH 值对酶活性均存在较低的直接、间接影响。

表 4.15　芦苇不同生长期土壤理化因子对土壤酶活性的通径系数

生长期	变量	过氧化氢酶		磷酸酶		脲酶	
		直接通径系数	通径系数和	直接通径系数	通径系数和	直接通径系数	通径系数和
M₁	有机质	0.56	0.779	0.107	0.34	0.303	0.593
	盐分	0.166	0.518	0.044	0.137	0.021	0.062
	全磷	0.722	1.026	0.2	0.560	0.356	1.071
	土壤含水量	−0.455	0.357	−0.319	0.862	−0.411	1.396
	土壤温度	0.009	0.034	0.169	0.756	0.069	0.266
	pH 值	0.14	0.026	−0.049	−0.038	−0.014	−0.01
	铵态氮	0.878	1.257	−0.085	−0.218	0.007	0.017
	硝态氮	0.067	0.177	−0.001	−0.002	−0.003	−0.007
X₁	有机质	0.732	0.108	0.635	0.964	0.5	0.917
	盐分	0.054	0.3	0.004	0.036	0.01	0.054
	全磷	0.225	0.288	0.306	0.397	0.395	0.509
	土壤含水量	−0.468	0.721	−0.44	0.851	−0.409	0.783
	土壤温度	0.369	0.475	0.023	0.091	0.038	0.151
	pH 值	−0.092	−0.624	−0.094	−0.398	−0.022	−0.093
	铵态氮	0.534	1.056	0.157	0.692	0.04	0.176
	硝态氮	0.008	0.031	0.005	0.019	0.001	0.003
Z₁	有机质	0.42	0.719	0.536	0.616	0.3	0.513
	盐分	0.079	0.293	0.04	0.148	0.101	0.375
	全磷	0.138	0.47	0.305	1.039	0.26	0.886
	土壤含水量	−0.25	0.901	−0.472	1.238	−0.286	1.031
	土壤温度	0.451	1.553	0.274	0.454	0.217	0.024
	pH 值	0.185	0.096	−0.281	−0.045	0.042	0.282
	铵态氮	−0.318	−1.009	0.273	0.866	0.094	0.298
	硝态氮	−0.309	−0.418	0.138	0.186	−0.009	−0.012

续表

生长期	变量	过氧化氢酶		磷酸酶		脲酶	
		直接通径系数	通径系数和	直接通径系数	通径系数和	直接通径系数	通径系数和
S_1	有机质	0.648	1.526	0.47	0.138	0.638	0.42
	盐分	0.03	−0.305	0.012	−0.122	0.08	−0.184
	全磷	0.47	1.542	0.386	0.266	0.376	0.234
	土壤含水量	−0.18	0.444	−0.127	0.313	−0.124	0.306
	土壤温度	0.288	0.781	0.148	0.401	0.025	0.067
	pH 值	−0.076	−0.717	−0.157	−0.061	−0.07	−0.363
	铵态氮	0.533	1.762	0.042	0.138	0.207	0.238
	硝态氮	0.42	1.184	0.052	0.146	0.127	0.076
K_1	有机质	0.32	0.621	0.319	0.619	0.213	0.414
	盐分	0.018	0.052	0.05	0.145	0.002	0.006
	全磷	0.58	0.392	0.518	0.125	0.481	0.32
	土壤含水量	0.262	0.811	−0.127	0.635	−0.059	0.295
	土壤温度	−0.299	−0.616	−0.149	−0.284	−0.164	−0.044
	pH 值	0.109	−0.436	0.02	−0.008	0.19	−0.377
	铵态氮	0.473	0.615	0.419	0.245	0.395	1.331
	硝态氮	0.394	0.415	0.355	0.418	0.376	0.962

由表 4.16 可知，在柽柳萌芽期、枯黄期，土壤有机质和全磷对过氧化氢酶直接通径系数大，展叶期、开花期土壤有机质和土壤温度与其存在较强烈的直接正效应和直接负效应，生长旺盛期有机质与酶活性存在较大的直接和间接正效应，含水量则表现为直接负效应和较大的间接正效应。萌芽期、展叶期、生长旺盛期、枯黄期土壤全磷和有机质对磷酸酶的直接通径系数大于其他因子，开花期土壤含水量和铵态氮是影响酶活性变化的主要因素。开花期、展叶期土壤温度和有机质对脲酶的直接通径系数高于其他因子，开花期和生长旺盛期有机质和全磷与脲酶活性存在较大的直接、间接正效应，枯黄期铵态氮和有机质对脲酶有较大的直接作用，展叶期和生长旺盛期盐分对酶活性表现为负效应。

表 4.16　柽柳不同生长期土壤理化因子对土壤酶活性的通径系数

生长期	变量	过氧化氢酶		磷酸酶		脲酶	
		直接通径系数	通径系数和	直接通径系数	通径系数和	直接通径系数	通径系数和
M₂	有机质	0.639	1.868	0.45	2.155	0.574	1.456
	盐分	0.183	0.889	0.013	0.063	0.007	0.034
	全磷	0.542	2.264	0.52	2.505	0.419	3.126
	土壤含水量	−0.487	0.828	−0.36	2.384	−0.422	0.795
	土壤温度	0.36	0.963	0.006	0.028	0.15	0.136
	pH 值	−0.038	−0.154	−0.056	−0.084	0.027	0.123
	铵态氮	0.294	0.304	0.117	0.57	0.02	0.097
	硝态氮	−0.279	−1.349	0.041	0.198	−0.015	−0.072
Z₂	有机质	0.314	1.225	0.33	1.288	0.429	1.674
	盐分	−0.163	−0.605	−0.19	−0.705	−0.2	−0.742
	全磷	0.249	0.894	0.43	1.544	0.33	1.185
	土壤含水量	0.158	−0.948	0.201	−1.2	0.25	−0.901
	土壤温度	−0.266	−1.357	−0.04	−0.106	0.407	0.24
	pH 值	0.019	0.139	0.062	0.177	0.08	0.317
	铵态氮	0.066	0.201	0.063	0.192	—	—
	硝态氮	0.013	0.046	0.004	0.014	0.001	0.003
H₂	有机质	0.5	1.178	0.419	0.987	0.41	0.966
	盐分	0.055	0.121	0.018	0.04	0.105	0.232
	全磷	0.36	0.833	0.32	0.741	0.337	0.748
	土壤含水量	0.276	−1.142	0.73	−3.021	0.329	−1.569
	土壤温度	−0.475	−1.189	−0.147	−0.524	−0.45	−0.213
	pH 值	0.172	0.465	0.387	0.99	0.186	0.211
	铵态氮	0.41	1.123	0.625	1.235	0.229	0.452
	硝态氮	0.173	−0.369	0.025	−0.053	0.01	−0.021

续表

生长期	变量	过氧化氢酶		磷酸酶		脲酶	
		直接通径系数	通径系数和	直接通径系数	通径系数和	直接通径系数	通径系数和
S₂	有机质	0.539	1.666	0.21	0.66	0.642	0.632
	盐分	−0.179	−0.237	−0.12	−0.36	−0.14	−0.42
	全磷	0.283	0.912	0.54	1.739	0.542	0.746
	土壤含水量	−0.531	1.745	−0.463	1.492	−0.465	1.092
	土壤温度	0.246	−1.957	0.099	0.31	0.195	0.611
	pH 值	−0.159	0.409	−0.019	0.003	−0.034	0.052
	铵态氮	−0.302	−0.928	−0.082	−0.251	−0.212	−0.651
	硝态氮	0.16	0.349	0.003	0.006	0.127	0.277
K₂	有机质	0.571	0.151	0.42	1.585	0.47	0.773
	盐分	0.084	0.363	0.039	0.168	0.12	0.518
	全磷	0.54	0.312	0.373	1.597	0.107	0.458
	土壤含水量	−0.279	−1.481	0.26	−1.38	0.32	−1.699
	土壤温度	−0.036	−0.112	−0.041	−0.128	0.01	0.031
	pH 值	0.136	0.155	0.199	0.413	0.05	0.158
	铵态氮	0.388	0.67	0.248	0.929	0.55	0.228
	硝态氮	−0.137	−0.533	−0.035	−0.136	0.002	0.007

通过相关性和通径分析可知，在2种植物群落的不同生长期，土壤有机质、全磷和水热因素是影响酶活性的主要因素，其他各因子的影响相对较弱。

4.2.6.3 讨论

（1）艾比湖高盐湖泊湿地芦苇和柽柳群落土壤酶的指示指标

植被类型的差异会导致枯落物、土壤肥力及微生物数量不同，进而影响土壤酶活性的大小。芦苇群落土壤过氧化氢酶和磷酸酶除了生长旺盛期外，其他各期酶活性均低于柽柳群落，脲酶活性在整个生长期却高于柽柳群落。这主要是由于柽柳群落枯落物、根系分泌物和土壤有机质较多，酶促底物充分；此外芦苇群落土壤含水量高于柽柳，对酶活性产生一定的抑制。其中，芦苇群落不同生长期土壤过氧化氢酶、磷酸酶和脲酶高于松嫩平原、甘肃盐碱草地芦苇群落的土壤酶活性，这可能与二者的气候、土壤水肥及 pH 值的差异有关；柽柳群落土壤磷酸酶和脲酶活性低于民勤绿洲柽柳群落的酶活性，这可能由土壤质地、采样时间及微地形的不同引起的。酶活性变异系数可以表示酶对环境介质变化的敏感程度，通过芦苇和柽柳群落不同生长期酶活性的变异系数可以发现，芦苇群落萌芽期和展叶期过氧化氢酶的变异系数最大，其他 3 个生长期磷酸酶活性变异系数最大；柽柳群落萌芽期过氧化氢酶活性变异系数最大，其他 3 个时期均为磷酸酶变异系数最大。由整个生长期酶活性变异系数可知，芦苇和柽柳群落酶活性变异系数大小均为过氧化氢酶＞磷酸酶＞脲酶，过氧化氢酶对植物生长期差异引起的生存环境的变化最敏感，脲酶则较稳定，这与罗来超等（2013）、高秀丽等（2012）的研究结果不一致，可能与植物类型差异和人为影响干扰程度有关。通过以上分析得出，土壤脲酶可能是表征艾比湖高盐湖泊湿地土壤酶活性差异的指示指标。

（2）艾比湖高盐湖泊湿地芦苇和柽柳群落土壤酶活性影响的主导因素

土壤理化因子和酶活性间存在复杂的关系且影响酶活性的因素随植物生长周期的不同而有所差异。土壤有机质和全磷对芦苇群落迅速生长期、展叶期、生长旺盛期及柽柳群落不同生长周期酶活性的直接影响大于其他因子，因为土壤酶以有机质为载体，有机质含量的增加改善了土壤肥力、质地及营养元素含量，导致微生物种类和数量增加，生长代谢更为活跃，因而酶活性高。这与杨星等（2012）关于植物入侵对酶活性影响的研究结果有差异，可能是由气候环境、土壤结构和植物根系的差异造成的。土壤含水量和温度对芦苇展叶期酶活性的促进作用明显，对柽柳开花期酶活性的抑制作用显著，这种差异是因为土壤含水量和温度过高或过低能引起酶活性的钝化。季节变化导致土壤温度升高，土壤含水量的损耗增加，群落生境的不同进一步加剧了柽柳群落土壤水分亏缺程度，而芦苇群落土壤水分虽有减少但仍能维持在酶所需的范围内，这种差异促使水分在 2 种群落中对酶活性产生相反的直接和间接作用，这与 Garcia 等（2000）认为温度最高的季节酶活性出现最大值的结果不同，可能是由土壤水热因素变化范围的差异引起的。高土壤盐分通过破坏蛋白质分子结构导致酶的水溶性降低，从而抑制酶活性。但不同生长周期土壤 pH 值和盐分对酶活性的影响程度较小，这与夏孟婧等（2012）认为高盐分会抑制酶活性的结果不一致，因为在芦苇和柽柳不同的生长周期内，

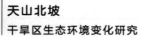
土壤水热因子变化对的影响大于盐分对酶活性的盐析作用。综上所述，在艾比湖高盐湖泊湿地芦苇和柽柳不同生长周期内土壤有机质、全磷及水热因素对酶活性的影响程度大于 pH 值、盐分等因素。

4.2.7　土壤粒度特征分析

土壤粒度是土壤的一个稳定的自然属性，描述了土壤的机械组成状况。土壤颗粒的大小直接影响着土壤中水分的传导、蒸发及盐分和养分的积累，还影响着土壤的结构，进而影响植被的分布及生长；同时，土壤颗粒的大小也表征着荒漠化程度，对植被的防风固沙效果也有一定的反映。目前众多专家把土壤粒度特征作为描述地貌形态及其形成动力学过程的重要参数，用来反映沉积环境和物源信息。常轶深等（2012）研究表明，艾比湖湿地土壤母质的形成主要受水和风共同作用为主；王勇辉等（2014）研究表明，距离风口越近，土壤粒径越大，人类活动是造成艾比湖地区土壤变化的重要因素。

新疆艾比湖湿地是国家级的重要湿地保护功能区，作为干旱区内陆湖泊湿地的典型代表，目前也是干旱区退化较为严重的湿地之一。钱亦兵等（2003）对艾比湖植被格局和土壤理化性质的异质性及相互关系进行了研究；李万娟等（2010）研究表明风力是影响艾比湖柽柳沙堆粒度特征空间变异的重要因素；葛拥晓等（2013）通过研究艾比湖干涸湖底富盐沉积物粒径的分形特征，提出通过生态修复工程防治盐尘暴。在艾比湖湿地的特殊气候条件下，影响土壤颗粒大小的因素并不是单一的，而且对不同植物群落下的土壤粒度特征研究相对较少。随着地统计学方法对变量空间结构研究的不断深入，可对变量插值和对相关变量值进行预测，进而较好地反映土壤特性对植被生长的影响。因此，以艾比湖湿地的不同植物群落为研究对象，野外实地调查的同时结合 3S 技术，分析不同植物群落下土壤粒度空间变化特征，有助于了解干旱区不同植物群落空间分布格局，为干旱区湿地的生态环境修复提供基础性资料。

4.2.7.1　研究区概况与研究方法

（1）研究区概况

艾比湖湿地国家级自然保护区位于新疆准噶尔盆地西南缘，三面环山，远离海洋，是流域地表水和地下水的汇集中心，属于典型的大陆性气候。艾比湖湿地西北部是我国著名的阿拉山口，多大风天气，盐尘和浮尘活动频繁，年降水量 111.56 mm，年蒸发量 1 315 mm 以上，常年干旱少雨，光热充足，形成了独特的区域小气候；南岸为精河县和新疆生产建设兵团五师团部，人口较为集中，主要以种植棉花和放牧为主；东部为阿奇克苏河冲积平原，主要植被有梭梭、胡杨、琵琶柴、罗布麻等，植被覆盖率较低，属于荒漠林区，只有少数从事游牧业的人在规定区域活动；湖滨平原土壤盐渍化较重，主要生长盐节木、盐角草、盐穗木等耐盐碱植被，也发育较大面积的柽柳灌丛；在精河、博河下游入湖口处则以胡杨和芦苇为主。艾比湖湿地生态环境的恶化决定了该区域的植物群落由湿生、中生向旱生、超旱生和盐生、沙生种类演替。

（2）研究方法

2012 年 10 月，根据艾比湖湿地不同区域的典型植物群落，分别在博河（B）、鸟岛（N）、鸭子湾（Y）、奎屯河（K）、离湖 5 km（ZN1）、离湖 10 km（ZN2）及离湖 15 km（ZN3）处进行调查采样（表4.17）。在 7 个大样地中分别设置 5 个 10 m×10 m 小样方，总 35 个样方，分别调查每个样方内植被的种类、数量、高度、胸径、冠幅，并在每个样方内按土壤剖面 0~5 cm、5~20 cm、20~40 cm、40~60 cm 分 4 层取样，共采集 140 份土样，每个采样点均用 GPS 精确定位并获取其高程和经纬度，同时记录周围环境状况。

表 4.17　艾比湖湿地不同样地特征

样地	经纬度	海拔 /m	群落植物	距湖距离 / km	土壤质地
B	82°44′6.96″ E，44°50′32.84″ N	203	碱蓬	4.17	砂质壤土
N	82°49′37.59″ E，44°49′35.39″ N	200	芦苇	1.27	粉砂质壤土
Y	83°16′09.11″ E，44°41′18.07″ N	213	盐节木	8.31	砂质壤土
K	83°16′13.00″ E，44°49′51.90″ N	200	梭梭	8.82	壤质砂土
ZN1	82°49′37.26″ E，44°47′21.36″ N	208	柽柳	5.13	粉砂质壤土
ZN2	82°50′14.28″ E，44°44′30.30″ N	221	胡杨	10.2	粉砂质壤土
ZN3	82°51′45.30″ E，44°42′0.48″ N	241	黑果枸杞	15.23	粉砂质壤土

土壤盐分用质量法测定，土壤含水量用烘干法测定，土壤粒度用 Master Size 2000 激光粒度仪分析，土壤粒度参数采用 Folk-Ward 公式计算，分别是平均粒径，反映沉积物粒度分布的集中趋势；分选系数指示沉积物的分选性；

偏度表示沉积物粒度频率曲线的不对称性；峰态表示沉积物频率曲线的峰凸程度。

采用 Excel、SPSS 17.0 软件进行样本的描述性统计分析，运用 GS+ 软件建立半方差函数模型。

4.2.7.2　结果与分析

（1）不同植物群落下表层土壤粒度特征

表 4.18 结果表明，7 种植物群落下表层土壤平均粒径变化范围为 39.54～158.38 μm，其中梭梭群落最大，柽柳群落最小，由大到小依次为：梭梭群落＞碱蓬群落＞黑果枸杞群落＞盐节木群落＞芦苇群落＞胡杨群落＞柽柳群落。这种变化趋势是由风力、湖水、河流、人类活动和植物本身等众多因素共同作用产生的。通过单因素方差分析表明，不同植物群落之间土壤平均粒径存在极显著差异（$F=7.747$，$P<0.01$）。从分选系数来看，梭梭群落下土壤分选系数为 0.593，分选性较好；其他植物群落下土壤分选系数均大于 1.5，分选性较差。从偏度上看，碱蓬群落下土壤偏度为 −0.209，盐节木群落为 −0.474，均小于 −0.1，属于负偏，说明土壤颗粒总体以细组分为主；芦苇群落为 0.131，属于正偏，土壤以粗组分为主；其他植物群落下土壤以中等组分为主。峰度变化范围为 0.844～1.7，主要以中等和尖峰态为主。从变异程度来看，土壤平均粒径变异系数从高到低依次为碱蓬群落＞柽柳群落＞黑果枸杞群落＞盐节木群落＞胡杨群落＞芦苇群落＞梭梭群落；其中，芦苇群落、梭梭群落和胡杨群落变异系数均小于 10 %，属于弱变异；碱蓬群落、盐节木群落、柽柳群落和黑果枸杞群落变异系数为 10 %～40 %，属于中等变异。

表 4.18　不同植物群落下表层土壤粒度参数统计特征

群落	平均粒径 /μm	分选系数	偏度	峰度	变异系数 /%
碱蓬群落	110.62	2.221	−0.209	1.152	35.03
芦苇群落	64.86	2.404	0.131	0.964	8.84
盐节木群落	85.26	1.645	−0.474	1.7	18.17
梭梭群落	158.38	0.593	−0.007	0.993	6.56
柽柳群落	39.54	1.65	−0.096	1.484	29.6
胡杨群落	41.7	2.113	−0.077	1.096	9.67
黑果枸杞群落	94.97	2.136	−0.034	0.844	24.55

（2）土壤剖面各层粒度特征

由图 4.24 可知，各层土壤粒度特征在 7 种植物群落下表现出不同的变化趋势。其中，碱蓬群落、芦苇群落、柽柳群落、盐节木群落和胡杨群落下土壤颗粒均呈现为底层大于表层的现象，梭梭群落下土壤各层颗粒大小差异不大，黑果枸杞群落土壤颗粒均为表层大于底层，但有各自变化的特点，芦苇群落和胡杨群落土壤颗粒的变化特征尤其明显。这主要是受植被覆盖度、样地成土母质及沉积等因素综合因素的影响。

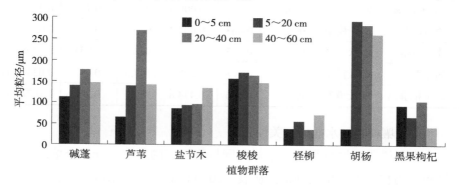

图 4.24　不同植物群落下不同深度土壤粒度变化特征

（3）土壤粒度的空间变异性分析

从表 4.19 可以看出，碱蓬群落、芦苇群落、梭梭群落下土壤剖面平均粒径的半方差理论模型符合高斯模型，柽柳群落和黑果枸杞群落符合球状模型，胡杨群落符合指数模型。表 4.19 中 C_0 为块金值，表示区域化变量内部随机性引起的空间变异的程度，（C_0+C）为基台值，（C_0/C_0+C）可反映土壤性质空间相关性的程度，$C_0/$（C_0+C）小于 25 % 表明空间相关性较强，25 %～50 % 表明空间相关性为中等，大于 75 % 表明空间相关性很弱，比值趋向 1 则表明在整个尺度上变异趋于恒定。碱蓬群落、芦苇群落、盐节木群落、梭梭群落、柽柳群落、胡杨群落下土壤剖面平均粒径的 $C_0/$（C_0+C）值均小于 25 %，表现为较强的空间自相关性；黑果枸杞群落平均粒径的 $C_0/$（C_0+C）值均大于 25 %，空间相关性表现为中等。通过对空间相关数值分析可知，研究区不同植物群落下土壤粒度的空间差异主要属于结构性因素，而随机性因素较小。变程反映的是变量自相关范围的大小，碱蓬群和胡杨群落下土壤平均粒径的变程较大，芦苇群落的变程最小，这与观测尺度以及植物群落的生态过程有关。

表 4.19　不同植物群落下土壤平均粒径的半方差函数模型及其参数

群落	拟合模型	C_0	C_0+C	$C_0/$ (C_0+C)	变程 m	决定系数 R^2	残差 RSS
碱蓬群落	高斯模型	0.000 1	0.034	0.002 9	150.5	0.99	4.082E-07
芦苇群落	高斯模型	0.001	0.486	0.002 1	45.2	0.85	0.010 9
盐节木群落	高斯模型	0.000 1	0.207	0.000 4	98	0.7	0.01
梭梭群落	高斯模型	0.001	0.463	0.002 2	92.3	0.82	0.025
柽柳群落	球状模型	0.04	0.583	0.068 6	95.2	0.931	5.226E-04
胡杨群落	指数模型	0.035	0.168	0.208 3	147.6	0.607	9.034E-04
黑果枸杞群落	球状模型	0.02	0.046	0.434 8	95.8	0.74	1.107E-04

（4）土壤粒径与水盐的相关性分析

为充分说明土壤粒径的大小对不同植物群落的影响，选择土壤总盐、含水量和平均粒径进行相关分析。从表 4.20 可以看出，芦苇群落下土壤粒径与盐分的相关系数为 -0.002，相关性较弱，说明土壤颗粒的大小与土壤盐分的积累关系较小，其他 6 种群落下土壤粒径与总盐相关性相对较强，表明这 6 种植物群落下土壤粒径的大小对含盐量的变化影响较大，其中碱蓬群落和盐节木群落与总盐呈正相关；芦苇群落和黑果枸杞群落下土壤含水量和土壤粒径的相关系数分别为 -0.823 和 -0.831，呈显著负相关，即土壤颗粒越大，蒸发速率越快，土壤含水量越少；其他植物群落下含水量与土壤粒径相关性不明显。

表 4.20　不同植物群落下土壤平均粒径与水盐的相关系数

指标	碱蓬 群落	芦苇 群落	盐节木 群落	梭梭 群落	柽柳 群落	胡杨 群落	黑果枸杞 群落
总盐	0.606	-0.002	0.755	-0.816	-0.69	-0.455	-0.759
含水量	-0.072	-0.823*	-0.332	-0.219	-0.442	0.454	-0.831*

注：* 表示显著相关。

4.2.7.3　结论与讨论

艾比湖湿地 7 种不同植物群落下土壤平均粒径由高到低依次为梭梭群

落＞碱蓬群落＞黑果枸杞群落＞盐节木群落＞芦苇群落＞胡杨群落＞柽柳群落。艾比湖西南岸由西向东方向土壤的平均粒径并不完全呈现出递减的趋势，说明土壤颗粒的大小并非受到风力单一因素的影响，这与王勇辉等（2014）研究有所差异。盐节木群落位于阿奇克苏河下游，梭梭群落位于奎屯河下游，均属于老湖积平原，随着河流入湖水量的减少，土壤颗粒受风力、河流、湖泊三重作用形成，土壤颗粒较大。离湖不同梯度土壤的平均粒径表现为黑果枸杞＞胡杨＞柽柳，说明距湖越远，土壤颗粒越大；黑果枸杞群落土壤颗粒最大，可能与当地农田耕种或放牧有关；柽柳群落和胡杨群落处于精河河道旁，其土壤沉积方式受河流的影响较明显；河相沉积物因细颗粒被河水带向下游，因此，上游沉积物以粗颗粒为主，下游主要以细颗粒为主。

本研究结果表明，艾比湖湖滨湿地沿湖不同植物群落下土壤粒径空间变化受大风、季节性洪水、湖泊面积波动、土壤类型及成土母质等结构性因素的影响。其中，芦苇群落、梭梭群落和胡杨群落下土壤粒径为弱变异，碱蓬群落、盐节木群落、柽柳群落和黑果枸杞群落下土壤粒径为中等变异。不同植物群落下剖面各层土壤粒度特征也存在差异，其中以胡杨群落和芦苇群落变化显著，主要受到精河季节性洪水和湖泊面积变化的影响。因此，艾比湖湿地流域内的水资源调配和管理对湖周植物分布有一定的影响。从空间结构性分析来看，不同植物群落下土壤粒径在一定的区域范围内具有空间结构特征，碱蓬群落、芦苇群落、盐节木群落、梭梭群落、柽柳群落、胡杨群落表现为较强的空间自相关性，黑果枸杞群落空间相关性表现为中等。土壤粒径的变化会影响土壤中水分和盐分的变化，进而影响植物群落的空间分布格局；同样地，植物群落的变化能影响土壤中水分和盐分的积累，进而影响土壤粒径的变化。

土壤粒径的空间变异特征对土壤中水盐的运移以及植物群落的分布尤为重要，艾比湖地区植物群落分布特征与土壤粒径的定量关系仍不明确，有待进一步研究。

5

艾比湖流域生物特征

5.1 植物多样性特征研究

植物物种多样性对维持湿地生态系统结构的稳定性、生态系统功能的完整性和生态过程的连续性有重要意义。关于不同生态系统的植物多样性的格局变化影响因素研究，近年来学者认为土壤养分、盐分、放牧强度、沙化等环境因了或人为干扰活动作用比较明显。在干旱半干旱地区生态环境极为脆弱，已有研究表明土壤水盐、养分、沙化的过程是引起干旱区植物群落多样性变化的关键因了之一。如贝加尔针茅草原植物多样性及土壤养分对放牧干扰的响应研究（张静妮　等，2010）；鄱阳湖滨风沙化过程中对植物组成、多样性、生态习性和生活型的变化特点研究（段剑　等，2013）；青海湖流域小泊湖湿地植物多样性（程雷星　等，2013），黄土高原植物群落演替过程中的 β 多样性变化玛曲高寒草甸沙化过程中群落结构与植物多样性关系（王世雄　等，2013）。目前相关研究多集中在植物 α 多样性组成变化与土壤环境关系研究，而在这些研究中有关干旱区土壤养分、盐分与植物 α 多样性和 β 多样性关系的研究资料还较缺乏。对艾比湖湿地自然保护区的研究主要集中在植物群落的组成、植物的种间关系、基于盐分梯度对艾比湖湿地荒漠植物多样性与群落种间响应关系、不同植物群落下土壤水盐空间变异性研究，而对艾比湖湿地植物。

艾比湖是新疆第一大咸水湖，其湿地属于湖泊湿地、沼泽湿地和河流湿地组合，具有这些湿地种类的共性，是一个具有典型干旱区山地、绿洲、荒漠生态环境特点的区域。位于新疆准噶尔盆地南缘，属典型的内陆咸水湖泊，流域面积 5 062 km^2。艾比湖水资源退化严重，突出表现在水位下降、水域面积减小、水质咸化，湖水水质污染严重，平均矿化度高达 170 g/L。艾比湖已成为新疆生态严重退化区和我国四大浮尘源区之一，湖滨植被衰败，湖区沙漠化严重湿地面积不断萎缩等生态环境极其脆弱，对湿地植物的生物多样性产生极为不利的影响。艾比湖湖滨湿地土壤质地以粉砂为主，pH 值 7.8～8.5，呈碱性，土壤盐分含量很高（8～39 g/kg）。艾比湖地区植物主要有梭梭（*Haloxylon ammodendron*）、盐节木（*Halocnermum strobilaceum*）、胡杨（*Populus euphratica*）、大果白刺（*Nitraria schoberi*）、多枝柽柳（*Tamarix ralnosissma*），植被盖度 10 %～85 %。本研究以艾比湖湿地为研究区，通过植物样方调查和土壤理化性质的测定，对不同生境的植物 α 多样性和 β 多样性进行分析，探讨形成艾比湖湿地植物多样性格局的原因，以及影响艾比湖湿地植物多样性因素，以期为艾比湖湿地生物多样性的持续维持提供理论依据。

5.1.1 材料与方法

5.1.1.1 材料

艾比湖湖滨周长 80 km 范围，每隔 20 km，在距湖岸 5 km 的范围，设置博尔塔拉河（以下简称博河）、鸟岛、鸭子湾、奎屯河 4 个样地；在距湖岸每隔 H0 km（近湖岸带）、H5 km（湖滨带）、H10 km（湿地-绿洲过渡带）、H15 km（近精河绿洲带）设置样地 4 个，在样地内设置典型样方 100 m×100 m，每个样方内采用 5 点法，设定 10 m×10 m 的小样方 5 个和 1 m×1 m 的小样方 5 个，分别对乔木、灌木和草本进行调查。调查指标包括植物种类、数量、盖度、多度、高度、频度等，以及记录描述样地的自然生境状况等特征（表 5.1）。该项调查工作于 2012 年 9 月 27 日至 10 月 7 日完成。调查中不能识别的植物采集标本编号带回，根据鉴定结果，将编号用物种名称代替，无法鉴定到种的植物鉴定到属。在调查样方内利用四分法采取 0～5 cm、5～20 cm、20～40 cm、40～60 cm 土壤作为土壤样品，土样进行风干、研磨、过筛、标记和装袋处理，以备试验。测试分析指标为 pH 值、有机质、全盐、全磷含量等。土壤盐分用残渣烘干法测定，土水比为 1∶5；电极电位法测定 pH 值；高温外热重铬酸钾氧化-容量法测土壤有机质含量；重量法测定全盐；碱熔-钼锑抗比色法测定土壤全磷含量。

表 5.1 艾比湖湿地采样点植物群落与土壤环境特征

样地	距湖距离 / km	典型植物群落	全盐 / %	有机质 / %	pH 值	全氮 / （mg/kg）	全磷 / （g/kg）	土壤质地
博河 B	4.17	碱蓬和盐豆木	0.353	0.059	8.09	0.403	0.011	砂质壤土
鸟岛 N	1.27	芦苇和柽柳	0.341	0.788	8.65	0.81	0.013	粉砂质壤土

续表

样地	距湖距离 / km	典型植物群落	全盐 / %	有机质 / %	pH 值	全氮 / (mg/kg)	全磷 / (g/kg)	土壤质地
鸭子湾 Y	8.31	盐节木和白刺	0.124	0.284	8.4	0.229	0.024	砂质壤土
奎屯河 K	8.82	梭梭和柽柳	0.004	0.066	8.18	0.087	0.017	壤质砂土
H0 km	0.2	芦苇 + 盐节木	0.958	0.346	8.49	0.274	0.014	粉砂质壤土
H5 km	5.47	猪毛菜 + 芦苇	3.621	1.845	7.83	0.436	0.015 029	粉砂质壤土
H10 km	10.7	盐角草 + 梭梭 + 胡杨	0.227	2.626	8.12	3.552	0.017	粉砂质壤土
H15 km	15.23	芦苇	4.052	3.428	7.72	2.878	0.015	粉砂质壤土

5.1.1.2 研究方法

（1）重要值计算

计算乔木、灌木和草本植物重要值。

Iv 公式为：$Iv=$（相对高度 + 相对多度 + 相对盖度）/3 其中，相对高度 = 某个种的平均高度 / 所有种的平均高度之和 × 100 %；相对盖度 = 某个种的盖度 / 所有种盖度之和 × 100 %（灌木盖度 = 东西冠幅 × 南北冠幅 / 样地面积）；相对多度 = 某个种的多度 / 所有种的多度之和 × 100 %。

（2）多样性测定

α 多样性指数测度公式为：

$$\text{Margalef 丰富度指数} \quad R=(S-1)/\ln N \tag{5.1}$$

$$\text{Simposon 多样性指数} \quad D=1-\sum_{i=1}^{S}P_i^2 \tag{5.2}$$

$$\text{Shannon-Wiener 多样性指数} \quad H=-\sum_{i=1}^{S}S_i=P_i\ln P_i \tag{5.3}$$

$$\text{Pielow 均匀度指数} \quad E=H/\ln S \tag{5.4}$$

式中，*S*——每一样方中的物种总数；*N*——物种 *i* 所在样地的各物重要值之和；P_i——物种 *i* 的相对重要值。

β 多样性测度公式为：

$$\text{Cody 指数 } \beta c = (G + L)/2 \tag{5.5}$$

$$\text{Sorenson 指数 } Cs = 2j/(A+B) \tag{5.6}$$

式中，*G*——沿生态梯度增加的物种数目；*L*——沿生态梯度减少的物种数目；*j*——2 个样地共有的物种数；*A*，*B*——样地 A 和样地 B 的物种数。

（3）数据处理方法

运用 Sigmaplot 10.0，SPSS 17.0 对湿地植物多样性、土壤养分、土壤盐分进行统计研究通过单因素方差分析（One-way ANOVA）检验差异的显著性并进行 T 检验。

5.1.1.3 结果与分析

（1）主要植物物种组成

通过 8 个样地，40 个小样方的植被调查，艾比湖湿地共出现植物 16 科 46 属 32 种，植物的平均盖度低于 30 %，黎科（Chenopodiaceae）、禾本科（Gramineae）植物占总种数的 50 %，科和禾本科种类最多；其次为豆科（Fabaceae）、菊科（Compositae）共占总种数的 28 %。植物的重要值显示，优势种主要有猪毛菜（*Salsola arbuscula*）、盐豆木（*Halimonorron holodendron*）、梭梭（*Haloxylon ammodendron*）、盐角草（*Salicornia europaea*）、盐节木、蔺状隐花草（*Crypsis schoenoides*）、花花柴（*Karelinia caspica*）、芦苇（*Phragmites communis*）、胡杨（*Populus euphratica*）等植物，重要值都大于 15，其中，芦苇和盐节木（*Halocnemum strobilaceum*）的重要值分别达到 39.83 和 34.17；湿地的植物组成变化具有以下特点，乔木有怪柳（*Tamarix chinensis*）、胡杨、柳树（*Salix babylonica*）、沙枣树（*Elaeagnus angustifolia*）；灌木有梭梭、白刺（*Nitraria tangutorum*）、骆驼刺（*Alhagi sparsifolia*）；发现样地上分布的草本植物比较丰富，有盐爪爪（*Kalidium foliatum*）、盐节木、猪毛菜、芦苇、花花柴、碱蓬（*Suaeda glauca*）、小獐茅（*Aeluropus pungens*）、黑果枸杞（*Lycium ruthenicum*）、蔍草（*Scirpus triqueter*）、无叶假木贼（*Anabasis aphylla*）等。

艾比湖湿地沿湖从博河 B—鸟岛 N—鸭子湾 Y—奎屯河 K 的方向，优势种主要是芦苇和盐节木，重要值39.82、34.17，占物种57％，伴生种有蔺状隐花草、柽柳等湿生植物。博河处植物群落以碱蓬和盐豆木为主重要值20.71、20.06，鸟岛处植物群落以芦苇和柽柳为主，重要值39.83、19.26，鸭子湾处植物群落以盐节木和白刺为主，重要值32.53、15.55，奎屯河处植物群落以梭梭和柽柳为主，重要值28.13、17.73。研究区中离湖H0 km优势种主要是芦苇和盐节木，重要值39.82、34.17，占物种57％，伴生种有蔺状隐花草、柽柳等湿生和盐生植物；距湖H5 km优势种主要是猪毛菜和芦苇，重要值20.71、20.44，占物种50％，伴生种有盐豆木、柽柳、花花柴、骆驼刺等；距湖H10 km优势种主要是盐角草、梭梭、胡杨，重要值32.52、28.13、17.6，占种类的50％，伴生种有柽柳、白刺、芦苇等距湖H15 km优势种主要是芦苇，重要值19.98，占种类的40％，伴生种有胡杨、黑果枸杞、柽柳等。

（2）湿地不同生境植物 α 多样性变化

①湖周植物 α 多样性变化。沿湖从博河 B，鸟岛 N，鸭子湾 Y，奎屯河 K 这4个样地，样地内总种数、样方内平均物种 Margalef 丰富度指数 R 表现为：鸟岛 N＞博河 B＞奎屯河 K＞鸭子湾 Y；Simposon 多样性指数 D 和 Shannon-Wiener 多样性指数 H 表现为：奎屯河 K＞博河 B＞鸭子湾 Y＞鸟岛 N；McIntosh（Dmc）均匀度指数表现为：奎屯河 K＞博河 B＞鸟岛 N＞鸭子湾 Y（图5.1）沿湖从博河 B—鸟岛 N—鸭子湾 Y—奎屯河 K 的方向，进行植物 α 多样性指数显著性差异分析表明：Margalef 丰富度指数 R 和 McIntosh（Dmc）均匀度指数差异不显著；Simposon 多样性指数 D 和 Shannon-Wiener 多样性指数 H 呈显著性差异，其中博河 B 与鸭子湾 Y 差异达到5％显著水

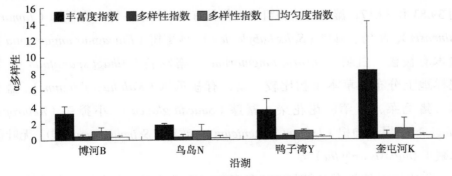

图 5.1　沿湖周植物 α 多样性变化

平，奎屯河 K 与鸭子湾 Y 差异达到 5 ％ 显著水平，博河 B 与鸟岛 N 差异达到 5 ％ 显著水平，博河 B 与鸭子湾 Y 差异达到 5 ％ 显著水平，鸟岛 N 与鸭子湾 Y 差异达到 5 ％ 显著水平。

②不同生境植物 α 多样性变化。在离湖 H0 km（近湖岸带）、H5 km（湖滨带）、H10 km（湿地-绿洲过渡带）、H15 km（近精河绿洲带）设置样地 4 个，植物群落物种多样性各指标表现出较一致的变化规律。样地内总种数、样方内平均物种 Margalef 丰富度指数 R，表现为：H10 km ＞H15 km＞H0 km＞H5 km；Simposon 多样性指数 D 和 Shannon-Wiener 多样性指数表现为：H10 km＞H15 km＞H5 km＞H0 km；McIntosh（Dmc）均匀度指数表现为：H10 km＞H15 km＞H5 km＞H0 km（图 5.2）。植物 α 多样性指数各指标值差异不显著。H10 km 为湖泊湿地-绿洲过渡带环境较为复杂，其植物 α 多样性指标值高于其他生境群落的生物多样性指标值，表明过渡带水土环境条件的影响，使得其植物群落的结构复杂多样。

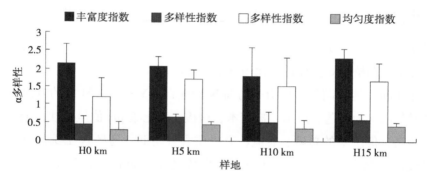

图 5.2　不同生境植物 α 多样性变化

（3）不同生境植物 β 多样性

Cody 指数主要是通过对新增加和失去的物种数目进行比较，从而获得有关物种替代的信息。群落或环境梯度上不同点之间共有种越少，β 多样性就越高。β 多样性越大，物种替代速率越大。相反，β 多样性减小，物种替代速率也减小。β 多样性反映了群落结构和功能的真实信息。

在离湖岸 H0 km（近湖岸带）、H5 km（湖滨带）、H10 km（湿地-绿洲过渡带）、H15 km（近精河绿洲带）这 4 种生境间 Cody 指数变化：从 H0 km 到

H5 km 物种增加明显，为 5 种；从 H5 km 到 H10 km 物种增加数目为 7 种，失去的物种数 1 种，从 H10 km 到 H15 km 物种失去的物种数 1 种。H0 km 到 H5 km，H5 km 到 H10 km 生境间 Cody 指数变化大，其中 H5 km 到 H10 km 生境间 Cody 指数变化最大。H0 km、H5 km、H10 km、H15 km 的相似性系数分别为 0.375、0.194、0.303，相异性指数分别为 0.625、0.806、0.696（表 5.2）。表明，H0 km 和 H5 km、H10 km 和 H15 km 相似性较大，说明生境间共有物种数多；H5 km 和 H10 km 资源异质性明显，说明在此环境梯度上不同点之间的共有种数少，β 多样性越大，物种替代速率就越大。

表 5.2　不同生境植物 β 多样性

样地	Cody 指数 $\beta c=(G+L)/2$	Sorenson 指数 $Cs=2j/(A+B)$
H0 km	—	—
H5 km	5	0.375
H10 km	12	0.194
H15 km	11	0.303

5.1.1.4　讨论与结论

（1）沿湖植物 α 多样性变化与其土壤环境的关系

艾比湖湿地沿湖从博河 B—鸟岛 N—鸭子湾 Y—奎屯河 K 的方向，典型植物群落依次为碱蓬、芦苇、盐节木、梭梭，其土壤 pH 值呈碱性，全盐含量均值较高，但土壤的总磷、总氮、有机质含量均低；鸟岛 N 土壤盐分、养分含量较高，鸟岛 N 的 Margalef 丰富度指数最高，Simposon 多样性指数 D 和 Shannon-Wiener 多样性指数 H 值最低；奎屯河土壤盐分、养分含量较低，其 Simposon 多样性指数 D 和 Shannon-Wiene 多样性指数 H，McIntosh（Dmc）均匀度指数最高；通过与土壤养分、盐分、pH 值各指标相关性分析表明：沿湖植物 a 多样性指数与土壤养分（有机质、全磷）、pH 值有相关性，呈负相关较明显，与土壤盐分相关性不大（表 5.3）。温璐等（2011）研究认为高寒草甸植物群落生物多样性的空间分异特征是地理环境、土壤环境以及干扰强度等因素综合作用的结果。这表明艾比湖湿地沿湖周植物 α 多样性变化受土壤养分含量、pH 值、土壤盐分含量的大小影响。

表 5.3　不同样地植物多样性指数与土壤养分、盐分、pH 值等指标的相关性分析

样地与指标	丰富度指数	多样性指数 *D*	多样性指数 *H*	均匀度指数
最相关指标及相关系数				
博河 B	全氮 *R*=−0.887	全磷 *R*=−0.98	全磷 *R*=−0.996	全磷 *R*=−0.997
鸟岛 N	有机质 *R*=−0.521	全磷 *R*=−0.662	全磷 *R*=−0.647	全磷 *R*=−0.601
鸭子湾 Y	pH 值 *R*=−0.668	—	—	—
奎屯河 K	全磷 *R*=0.782			
H0 km	—	全氮 *R*=0.71	全氮 *R*=0.881	全盐 *R*=0.635
H5 km	pH 值 *R*=0.963	pH 值 *R*=−0.951	pH 值 *R*=−0.853	pH 值 *R*=−0.923
H10 km	全磷 *R*=0.781	全磷 *R*=0.565	全磷 *R*=0.552	全磷 *R*=0.662
H15 km	全磷 *R*=0.895	pH 值 *R*=−0.766	pH 值 *R*=−0.72	pH 值 *R*=−0.758

（2）不同生境下植物 α 多样性变化与其土壤环境的关系

在离湖岸 H0 km（近湖岸带）、H5 km（湖滨带）、H10 km（湿地-绿洲过渡带）、H15 km（近精河绿洲带）范围，典型植物群落依次为芦苇、猪毛菜、盐角草、芦苇，离湖越远土壤的 pH 值和全盐含量越低，总磷、总氮、有机质含量越高。距湖 H10 km 处 Margalef 丰富度指数 R，Simposon 多样性指数 D 和 Shannon-Wiener 多样性指数、McIntosh（Dmc）均匀度指数都最高，在距湖 5 km 范围内植物多样性各指标值都较低。通过各指标相关性分析表明：植物 α 多样性指数与土壤养分（有机质、全磷、全氮）、pH 值有相关性，呈正相关较明显，与土壤盐分相关性不大（表 5.3）；离湖越远随着土壤养分含量的增加、盐分含量的减少，植物物种越丰富多样。马玉娥等（2012）研究认为艾比湖湖滨湿地多为耐盐植物构成的单优势种群落，远离湖泊，土壤含盐量降低，植物群落内物种较丰富，均匀度大幅度提高，波动性强。这表明研究区离湖越远，植物丰富度、多样性、均度指数越丰富，受湖水、土壤养分、盐分的大小影响。

（3）不同生境下植物 β 多样性变化的影响因素

从距湖岸 H0 km（近湖岸带）、H5 km（湖滨带）、H10 km（湿地-绿洲过渡带）、H15 km（近精河绿洲带）范围，离湖越远：pH 值和盐分含量越低，养分含量逐渐增加；不同生境下植物 β 多样性特征为 H0 km 到 H5 km，

H5 km 到 H10 km 生境间 Cody 指数变大，其中 H5 km 到 H10 km 生境间 Cody 指数变最大。H5 km、H10 km 其资源异质性明显，物种替代速率达到最大，会引起群落物种组成的变化。周国英等（2003）认为过渡带是近裸露湿地和近自然湿地分布变化的界限地带，其资源异质性明显，物种替代速率达到最大。同时由于物种丢失或者获得而引起的群落物种组成的变化或由物种更替引起的群落物种组成变化。由于 H0 km 和 H5 km 属于湿地湖滨地带，H10 km 和 H15 km 离湖越远受湖水的影响较小，又位于精河干涸河道上，离精河绿洲 82 团农田越近，受人为开垦、放牧等干扰影响显著。H10 km 为湖泊湿地-绿洲过渡带，表明从湖滨湿地-精河绿洲过渡带土壤盐分、pH 值在逐渐减小，土壤养分增加，植被景观异质性明显；也表明不同生境下植物 β 多样性指数变化，在湖滨带受土壤环境影响明显，远离湖滨与人为干扰有一定关系。

通过研究表明艾比湖湿地植物 α 多样性变化呈现沿湖周其土壤养分含量越高，其植物 α 多样性指数越大，离湖越远，土壤养分含量越高、盐分含量越低，其植物 α 多样性呈现增大趋势；不同生境下植物 β 多样性特征为 H5 km 到 H10 km 生境间 Cody 指数变大，H5 km 与 H10 km，H10 km 与 H15 km 其资源异质性明显，物种替代速率达到最大；尤其是 H10 km 在湿地-绿洲过渡带处植物 α 多样性和 β 多样性指数变化较为明显。总之，艾比湖湿地植物 α 多样性和 β 多样性指数的变化主要受土壤养分影响，其中全磷、有机质、全氮的含量大小的影响显著；与土壤盐分含量关系不显著，但在一定程度上抑制植物多样性指数的变化。

5.2　植物群落变化与水盐的响应

植物多样性是群落生态学和生物多样性研究的一个中心议题，是区域生态功能和稳定的基础。艾比湖湿地干旱少雨，蒸发量和降水量相差悬殊，生态系统很脆弱，是植物多样性受威胁最严重的地区，研究艾比湖湿地植物多样性特征，对植物多样性的保护和沙漠化防治具有重要意义。目前相关研究主要集中在盐胁迫下植物的生长、发育等方面，对荒漠植物多样性各种测度在土壤盐分梯度下的定量分析和动态响应，研究资料还较缺乏。艾比湖是新疆第一大咸水湖，在新疆具有重要的生态价值。近几年来，由于土壤含盐量不断上升和地下水位下降，原有的植被急剧衰败，取而代之的是耐盐碱的植被，由于蒸发大于降水，所以该类植物生长的环境是严重的土壤盐渍化。土壤盐分大量富集，干旱和盐胁迫成为影响盐生植物生长与生存发育的重要因素。根据近 10 年对艾比湖研究积累表明，非常缺少对艾比湖湿地植被与环境关系的数量分析研究，为更好地理解环境梯度对荒漠植物多样性的影响有必要进一步开展相关研究。本研究利用聚类分析和相关性分析，描述群落与盐分环境之间关系，利用群落结构的定量指标分析群落与盐分环境的关系，探讨艾比湖湿地的植物群落变化与盐分梯度的关系，为更好地保护湿地，研究其环境变迁的过程提供基础性的资料。

5.2.1 研究区概况及研究方法

5.2.1.1 研究区概况

艾比湖总面积 2 670 km²，位于 82°35′～83°10′ E，44°44′～45°10′ N 在精河县城北部，西接博乐市，北临塔城地区的托里县，与哈萨克斯坦共和国相邻，是准噶尔盆地西南缘最低洼地和水盐汇集中心。艾比湖湿地国家级自然保护区内分布着多种湿地类型，在中国内陆荒漠自然生态系统中具有典型性和较高的保护价值。艾比湖区气候干燥，降水稀少，且风大、风多、浮沉和盐尘活动频繁。该区属于典型的温带大陆性气候，光热充足，年均日照时数约 2 800 h；地区年平均气温 6.8 ℃，极端最高气温 41.7 ℃，极端最低气温 -32.2 ℃，全年积温为 3 353～4 245 ℃，平均无霜期 162 d；年降水量 90.9～163.9 mm，年蒸发量 3 790 mm 以上，属于特干旱区。该区多样化的土壤类型决定了旱生、超旱生、沙生、盐生、湿生和水生等植物群落的形成。主要植物种类有胡杨、梭梭、芦苇，在平原低地还有柽柳、黑果枸杞、甘草、小獐毛、湖滨盐沼地有盐穗木、盐节木、碱蓬、盐爪爪，山前冲积洪扇有琵琶柴等。

5.2.1.2 样方调查和实验分析

2012 年 5 月，在艾比湖湿地从博河站绕湖 60 km 范围，设置鸭子湾、鸟岛、博河、奎屯河 20 个 10 m×10 m 的样方；2012 年 10 月在距艾比湖湖边鸟岛站 5 km、10 km、15 km 范围内设置 19 个 10 m×10 m 的样方，共采集 39 个 10 m×10 m 的样方。现场鉴定每个样方中的物种类别，同时记录种数、个体数、胸径、高度、冠幅等植物特征，以及各样地的海拔、经纬度、群落微环境和地貌特征。在调查样方内利用四分法采取 0～5 cm、5～20 cm、20～40 cm、40～60 cm 土壤作为土壤样品，土壤盐分用残渣烘干法测定，土水比为 1∶5。

5.2.1.3 数据分析

基于 39 个样方的土壤表层盐分数据，利用聚类分析将样方划分至 3 个盐分梯度（图 5.3），并按新疆盐渍化分级给出盐渍化程度参考（表 5.4）。分别计算和分析各盐分梯度下的物种多样性、多样性差异（剔除频率 5 % 的种）。根据样方多度数据，物种多样性分析选取 Shannon-Wiener 指数、Simposon 指数、Margalef 指数、Pielow 指数。

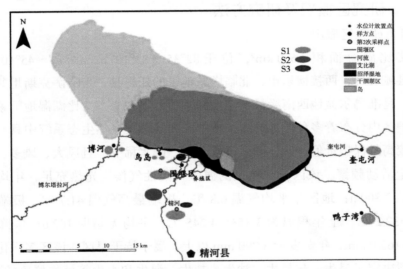

图 5.3 研究区采样点以及盐分梯度分布示意图

多样性指数公式为：

辛普森指数 Simposon $D = 1 - \sum P_i^2$ (5.7)

香农威纳指数 Shannon-Wiener $H' = -\sum P_i^{\ln}$ (5.8)

丰富度指数公式为：

马格列夫指数 Margalef $\quad Ma = \dfrac{S-1}{\ln N}$ （5.9）

均匀度指数公式为：

皮洛指数 Pielow $\quad J = \dfrac{H'}{\ln S}$ （5.10）

以上各式中，S 为样方中的物种数 P，为第 i 个种的多度占总多度的比例，N 为总多度。

表 5.4　39 个土壤剖面表层盐分的统计值

盐分梯度	样方数 / 个	均值 / %	标准差	最小值 / %	最大值 / %	变异系数 / %	盐渍化程度 /%
S1	25	0.26	0.21	0.03	0.73	80	轻度（<0.75）
S2	12	1.32	0.23	0.81	1.73	18	中重度（0.75～1.57）
S3	2	2.76	0.51	2.4	3.12	18	盐土（>1.57）

注：S1、S2 和 S3 分别表示中低、中、高土壤盐分梯度；表中统计数据均为土壤盐分含量值。

5.2.2　结果与分析

5.2.2.1　不同盐分梯度下植物组成和生活型特征

在环湖和距湖远近不同的 39 个采样点中，随着土壤剖面深度的增加，盐分含量由上至下呈现逐步下降的趋势，盐分表聚现象显著。距湖 15 km 和距湖 5 km 采样点大部分处于第 1 个盐分梯度，植被以梭梭、柽柳、白刺为主，出现的植被种类较多；鸟岛、博河、鸭子湾、奎屯河、和距湖 10 km 处均处于第 2 个盐分梯度，盐渍化程度达到中重度，植被以柽柳、盐节木为主，黑果枸杞也有相当部分的数量；湖边采样点，在 3 个盐分梯度各有分布，造成这种现象的原因有很多，其中人类活动的影响较大。

样方调查结果表明，研究样地共出现 43 种植物，分属 42 科，20 种。其中植物种较多的有黎科 8 种、禾本科 8 种、菊科 5 种、豆科 5 种，其他科属均为 1～2 种；盐分梯度下，从 S1 至 S3 出现的种数分别为 25 种、37 种和 17 种；按植物生活型统计（图 5.4），随土壤盐含量的升高，群落生活型结构有所改变，草本比例减少，灌木和乔木比例有所增加，各盐分梯度下的具体生活型比例（物种数量比例，忽略 2 种藤本）分别为 S1 草本、灌木（含小灌木和半灌木）和乔木（含小乔木）分别为 56 %、22 %、22 %；S2 草本、灌木（含小灌木和半灌木）和乔木（含小乔木）分别为 65 %、24 %、12 %；S3 草本、灌木（含小灌木和半灌木）和乔木（含小乔木）分别为 50 %、33 %、17 %。

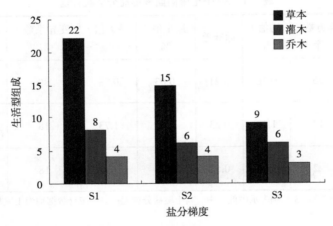

图 5.4   3 个盐分梯度下生活型组成

5.2.2.2   不同盐分梯度下植物多样性变化

依据 39 个样方的多样性指数的计算表明（图 5.5）：在艾比湖地区植物多样性随土壤盐分含量增加呈显著下降趋势。从 S1 到 S3，植物 Simposon 指数、Shannon-Wiene 指数和 Margalef 指数在低盐梯度下达到最大，最大值分别为 0.84、2.28、3.82；Pielow 指数则是随着盐分梯度的上升呈下降趋势，在中盐梯度下达到最大值，最大值为 0.7；多样性指数在 S3 梯度下整体显著降低，即土壤盐分含量为 2.4 %～3.12 %时对艾比湖湿地植物多样性的影响较大。

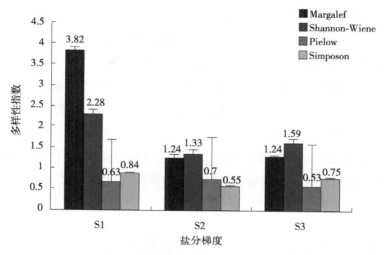

图 5.5　3 个不同盐分梯度下的群落多样性

5.2.2.3　植物多样性与土壤盐分的相关性

多样性指数与低盐间均极显著相关（P=0.089），当土壤盐分含量为中度时，Margalef 指数与多样性指数间显著负相关，其他指数与中盐间梯度间负相关，高盐梯度下二者关系则呈现正相关为主（P=0.05）的趋势（表 5.5）；多样性与土壤盐分间关系减弱（相关系数绝对值多递减）的关系说明，或许是植物种间关系间接影响了植物多样性动态。

表 5.5　多样性指数与土壤盐分相关性

盐分梯度	多样性指数			
	Simposon	Shannon-Wiene	Pielow	Margalef
S1	0.86***	0.56***	0.55***	0.38**
S2	−0.34	−0.37	−0.1	−0.4
S3	0.04	0.15	−0.08	−0.5

注：* 表示差异在 0.05 水平显著相关；** 表示差异在 0.01 水平显著相关。

5.2.3　结论

综上所述，艾比湖湿地植物群落变化对盐分环境梯度的响应可以得出以下结论。

距湖 15 km 和距湖 5 km 采样点大部分处于第 1 个盐分梯度；鸟岛、博河、鸭子湾、奎屯河、和距湖 10 km 处均处于第 2 个盐分梯度，盐渍化程度达到中重度；湖边采样点，在 3 个盐分梯度各有分布。

3 个盐分梯度上主要植被类型不同：S1 植被以梭梭、怪柳、白刺为主；S2 植被以怪柳、盐节木为主；S3 植被以盐节木、盐角草为主。

艾比湖湿地植物多样性在低土壤盐分梯度下（0.03 %～0.73 %）不受影响，但当土壤盐分增至 2.4 %～3.12 % 的高水平时，植物多样性显著降低，且土壤盐分主要通过在土壤表层富集影响植物多样性和生活型结构。

5.3 典型植物群落与土壤因子相关性

近年来，湿地生态修复研究已成为湿地研究的热点问题，湿地生态的修复对于维护生态平衡具有重要的意义，已有众多学者对湿地植物的生理生态特征与环境因子之间的关系进行了研究。崔保山等（2006）研究发现黄河湿地芦苇的生理特征与水深具有显著的相关性；王丹等（2010）对太湖芦苇的研究发现芦苇的根冠比及密度与水深呈负相关，芦苇的株高与水深呈正相关；傅德平等（2008）研究发现艾比湖湿地植物与土壤特性无相关性；汪洋等（2007）研究湿地植物的生理生态过程受到水盐环境的影响；王庆改等（2007）研究发现湿地植物对土壤中铵态氮和硝态氮有相关性。梭梭（Haloxylon bunge）是超旱生藜科植物，具有耐干旱、耐盐碱、耐风沙的特点，是艾比湖湿地的主要代表植物，在防风固沙、维持生态稳定方面具有重要作用。因此，认识梭梭与不同土壤因子之间的相互关系，揭示土壤盐分变化特征与梭梭生长的内在规律，为湿地环境保护与生态修复提供科学依据，具有重要的理论意义和实践价值。

艾比湖湿地为国家级湿地自然保护区，位于中国新疆精河县，是西北内陆重要的绿洲生态系统保护区，同时也是阻止北疆沙尘暴侵袭的重要生态屏障。由于人类活动和自然因素的影响，导致该地区植被严重退化，生态环境恶化，严重影响了该地区生态环境和社会经济发展。因此，本试验通过对艾比湖湿地土壤环境因子与梭梭生长特征进行调查研究，运用数量生态学的冗余度分析方法（RDA），分析湿地不同土壤梯度的环境因子与梭梭生长特征之间的关系，为艾比湖湿地的生态恢复提供科学依据，进而维护湿地生态系统的稳定。

5.3.1 材料与方法

5.3.1.1 研究区概况

新疆艾比湖湿地国家级自然保护区范围位于 82°33′47″～83°53′21″ E，44°31′05″～45°09′35″ N，东西长 102.63 km，南北宽 72.3 km。艾比湖湿地南、北、西三面环山，湖面高程 188 m，是流域地表水和地下水的汇集中心。艾比湖西北部是中国著名的风区阿拉山口，多大风天气，年均气温 5 ℃，多年平均降水量为 105.17 mm，潜在蒸发量为 1 315 mm，是降水量的 12.5 倍，是典型的温带大陆性气候；土壤类型以沙土为主，自然植被种类较多，主要以白刺（*Nitraria tangutorum*）、琵琶柴（*Reaumuria*）、盐节木（*Halocnemum strobilaceum*）、碱蓬（*Suaeda glauca*）、柽柳（*Tamarix chinensis*）、芦苇（*Phragmites australis*）、梭梭（*Haloxylon ammodendron*）为主；艾比湖湿地植物群落由湿生、中生向旱生、超旱生和盐生、耐沙生种类演替。

5.3.1.2 采样方法

于 2012 年 5 月进入艾比湖湿地对不同土壤梯度的盐分和梭梭进行测定。在保护区内设置 5 个大样方，面积为 100 m×100 m，每个大样方中以 5 点法选取 5 个小样方，小样方为 10 m×10 m，测量梭梭的株高、冠幅、胸径、株数，并计算盖度；采集不同深度（0 cm、5 cm、10 cm、20 cm、30 cm、40 cm、50 cm、60 cm）的土壤样本，用密封袋进行密封，带回实验室分析。采用质量法测定总盐量，电位法测定 pH 值，CO_3^{2-} 和 HCO_3^- 采用双指示剂法、盐酸滴定法，Ca^{2+} 和 Mg^{2+} 采用 EDTA 络和滴定法测定，SO_4^{2-} 采用 EDTA 间接滴定法测定，Cl^- 采用 $Ag\text{-}NO_3$ 滴定法测定，结果见表 5.6。

表 5.6 梭梭生理生态特征与土壤环境盐碱程度的统计特征

变量指标	平均值	最大值	最小值	标准差
株高 /cm	173	350	50	64.093
盖度 /%	46.237	65	35	11.286
株数 /（株 /m²）	2.42	5	2	—

续表

变量指标	平均值	最大值	最小值	标准差
冠幅 /cm^2	79 297.22	200 000	8 000	62 084.21
胸径 /cm	25.916	40	10	9.336
总盐 /%	0.294	0.733	0.078	0.108
pH 值	7.96	8.73	7.29	0.348
Ca^{2+}	0.352	1.467	0.053	0.378
Mg^{2+}	0.069	0.461	0.01	0.069
SO_4^{2-}	1.943	5.205	0.725	1.178
Cl^-	1.261	9.68	0.142	1.804
HCO_3^-	0.391	1.328	0.108	0.199
CO_3^{2-}	0.038	0.267	0	0.066

5.3.1.3 数据处理

本研究将梭梭生态指标作为研究对象，包括梭梭株高、盖度、冠幅。将土壤深度、土壤盐分离子含量和 pH 值作为环境因子，土壤梯度包括：5 cm、10 cm、20 cm、30 cm、40 cm、50 cm 和 60 cm。鉴于趋势对应分析（DCA）的排序轴反映了梭梭生理生态变化的程度，故用 DCA 估计排序轴梯度长（Lengths of gradient，LGA）比较适宜。理论上讲，LGA＜3 适合线性排序法，LGA＞3 适合采用非线性排序方法。通过对研究中因变量数据文件进行 DCA 分析，结果表明，排序轴最大的梯度长度均小于 3，表明该数据文件均具有较好的线性反应，也表明梭梭生理生态指标对环境梯度的响应是线性的，对此利用线性响应模型分析（RDA 和 partialRDA）比较适宜。该分析方法是一种多变量直接梯度分析方法，是多元线性回归的扩展，采用 2 个变量集的线性关系模型，得到数值矩阵并对特征值进行分解，能将表征梭梭生理生态指标及土壤环境因子之间的关系反映在坐标轴上。

本研究利用直接梯度分析方法 RDA 通过分析梭梭生理生态指标，提取其受影响的控制性因素，进一步揭示不同土壤梯度环境因子对梭梭生理生态指标的影响。如果某环境因子具有高的变异膨胀因子（大于 20），意味着它与其他因子具有高的多重共线性，对模型的贡献很少。对以上 8 个环境因子变量分别进行 RDA 分析筛选，结果表明，Ca^{2+}、SO_4^{2-} 与 pH 值分别具有高膨胀因子，因此，重新评估了土壤深度、Ca^{2+}、SO_4^{2-} 3 个环境因子的组合的变异膨胀因子，它们能够保证所有变量的膨胀因子均小于 20，因此，选择了这 3 个指标作为环境因子变量来进行分析。各环境因子对不同条件下梭梭生理生态指标的重要性，由 CANOCO 4.5 软件的自动向前选择程序完成，利用 Monte Carlo 检验判断其重要性是否显著。

5.3.2 结果与分析

5.3.2.1 梭梭生理生态指标变异的解释变量典范分析

对筛选后的不同土壤梯度的盐分含量、Ca^{2+} 和 SO_4^{2-} 3 个环境因子组成的变量组合进行 RDA 分析，得到该环境因子组合对梭梭生理生态特征的解释（表 5.7）。由表 5.7 可知，环境因子组合对梭梭生理生态特征变异有 52.3 % 的解释率，达到极显著水平（$P<0.01$）。梭梭生理生态指标特征在第 I 排序轴上的百分比已达 49.8 %，在第 II、III、IV 轴上的百分比分别为 3.1 %、1.7 % 和 17.8 %，累积百分比达到 73.2 %。由此可见，本研究筛选的 3 个环境因子能在很大程度上解释梭梭生理生态特征的变异，可以推断湿地土壤盐分变化是影响梭梭生理生态特征变异的重要原因，并且这种变异基本由排序轴第 I 轴来决定，其次受到第 IV 排序轴的影响。

表 5.7　梭梭生理生态特征变化的解释变量典范分析

P	典范特征值	总特征值	解释量 /%	前四轴贡献百分比 /%			
				I	II	III	IV
0.005	0.523	1	52.3	49.8	3.1	1.7	17.8

5.3.2.2 梭梭生理生态指标变异的关键驱动因子

在 RDA 分析中，利用 CANOCO 4.5 的自动向前选择程序对主要环境因子进行了筛选，从而进一步确定影响梭梭生理生态指标的关键环境因子。各个环境因子的重要性及显著性水平见表 5.8。由表 5.8 可知，各个环境因子对梭梭生理生态特征影响的贡献有差异，3 个环境因子对梭梭影响的重要性排序依次为不同土壤梯度的盐分>Ca^{2+}>SO_4^{2-}，不同土壤梯度的盐分对梭梭生理生态特征影响达极显著水平（$P<0.01$），对梭梭生理生态特征变异的解释占到了总信息量的 83.1 %，说明不同土壤梯度的盐分是影响梭梭生理生态特征变异的关键因子，而 Ca^{2+} 与 SO_4^{2-} 对梭梭生理生态特征变异影响较小，说明在艾

比湖湿地土壤盐分对梭梭生长的胁迫作用较为明显。

表 5.8 不同土壤梯度的盐分、Ca²⁺、SO₄²⁻ 含量的环境变量解释的
重要性和显著性检验结果

环境因子	重要性排序	重要性检验	P	解释量 /%
不同土壤梯度的盐分	1	0.42	0.003	83.1
Ca^{2+} 含量	2	0.13	0.118	10.8
SO_4^{2-} 含量	3	0.08	0.222	7.4

5.3.2.3 不同土壤梯度的盐分、Ca^{2+}、SO_4^{2-} 各因子对梭梭生理生态各指标的影响

通过对环境因子影响研究对象的排序图分析可以进一步明确不同土壤梯度环境因子各量与梭梭生理生态指标各量之间的关系。采用的 t-value 双序图是包含了物种的箭头、环境因子的箭头和圆圈符号的排序图。t-value 双序图可以揭示物种与环境因子的统计显著关系（比如物种依赖环境因子的程度）。在 RDA 排序图中，实线圆圈表示关键环境因子与研究对象呈显著性正相关，虚线圆圈表示关键环境因子与研究对象呈显著性负相关。图中的箭头长度与方向代表物种与此环境因子的相关关系。如果某物种的箭头完全掉在某一环境因子的实线圆圈内，就意味着此物种与此环境因子呈显著正相关，即物种指标随环境因子指标量增大而增加；如果物种的箭头完全掉在环境因子负相关的区域内，就意味着物种与此环境因子呈显著负相关，即物种特征量随环境因子量增大而减少。据此，对不同土壤环境因子各量对梭梭生理生态特征的影响进行分析。

（1）不同土壤梯度的盐分对梭梭生理生态指标的影响

由图 5.6 可知，土壤深度主要在第 I 轴上影响梭梭生理生态特征，株高（A）、胸径（C）和冠幅（E）的箭头完全落在不同土壤盐分的实线圆圈内。这表明不同土壤梯度的盐分与株高、胸径和冠幅呈显著正相关，说明随着土壤梯度的深度增加，梭梭的株高、胸径和冠幅相应增加。不同梯度的盐分与株数（D）和盖度（B）呈明显负相关。以上结果说明，不同土壤梯度的盐分是影响梭梭生理生态指标变异的主要驱动因子，水深单一因子对梭梭生理生态特征单个指标影响比较大。这一结论与前人的研究结果一致。

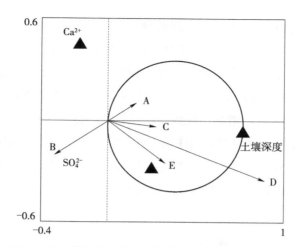

图 5.6　不同土壤梯度的盐分对梭梭生理生态影响的检验结果

（2）Ca^{2+} 对梭梭生理生态指标的影响

由图 5.7 可知，Ca^{2+} 含量主要在第 II 轴上影响梭梭生理生态特征，但梭梭生理生态的各项指标均未落入 Ca^{2+} 含量的实线或者虚线圈圈内。其中，胸径（C）和冠幅（E）在 Ca^{2+} 含量的虚线圈内，说明它们与 Ca^{2+} 含量呈负相关关系，表明 Ca^{2+} 含量的增加将导致这些指标一定程度的下降。但 Ca^{2+} 含量与株高（A）、盖度（B）和株数（D）并未完全落入虚线圈内，说明它们的负相关关系显著性较弱。

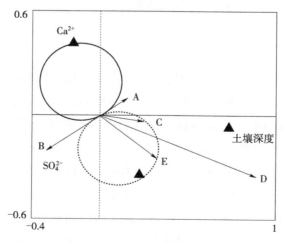

图 5.7　Ca^{2+} 含量对梭梭生理生态影响的检验结果

（3）SO_4^{2-} 对梭梭生理生态指标的影响

从图 5.8 可以看出，SO_4^{2-} 含量对梭梭生理生态特征的影响与 Ca^{2+} 含量的影响相似。SO_4^{2-} 主要在第 Ⅱ 轴上影响梭梭生理生态特征，胸径（C）和冠幅（E）完全落在 SO_4^{2-} 的虚线圆圈内，表明 SO_4^{2-} 含量与梭梭的生物量呈显著负相关，随着 SO_4^{2-} 含量的增加，梭梭生物量逐渐降低。但梭梭生理生态的各项指标如株高（A）、盖度（B）和株数（D）均未落入 SO_4^{2-} 含量的实线或者虚线圆圈内，说明 SO_4^{2-} 与这些因子相关性较弱。以上结果表明，SO_4^{2-} 是影响梭梭生物量的主要驱动因子，抑制着梭梭的生长。

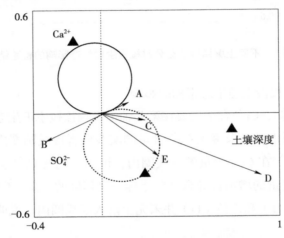

图 5.8　SO_4^{2-} 含量对梭梭生理生态影响的检验结果

5.3.3　小结

新疆艾比湖湿地不同土壤梯度的盐分含量变化是影响梭梭生理生态特征的重要因素，这与前人研究结果一致。梭梭株高、冠幅、盖度、胸径以及株数等特征是梭梭的重要生态指标。盐分是影响梭梭生长最重要的驱动因子，抑制着梭梭的生长发育。艾比湖湿地盐分中的 Ca^{2+} 与 SO_4^{2-} 含量对梭梭生理生态特征影响较大，反映了该地区盐碱化类型主要以硫酸盐为主，说明艾比湖正不断向咸水湖演化。研究结果表明，在半干旱地区，盐分对植物生长影响较大，恢复该地区生态环境的重点是遏制土壤盐渍化的发展，种植耐旱、耐盐碱的植被，发展农业应采取轮作制度，并采取喷灌和滴灌先进灌溉技术，防止土壤的次生盐碱化。

6

艾比湖流域土地利用
变化特征及其影响

6.1 土壤沙化盐化特征分析

土壤盐渍化和沙化是干旱、半干旱区最突出的生态与环境问题之一，这已经严重影响了土壤的可持续发展。当盐分过高、沙化严重，会直接导致植被和农作物死亡，环境持续恶化，并给农业生产生活带来不可估量的损失。目前，王辉（2007）对甘肃玛曲高寒草甸沙化特征及沙化驱动机制做了研究，表明沙化加剧，土壤养分、植物多样性会下降；杨永梅等（2006）对毛乌素沙漠的沙化过程进行了探析，指出影响沙化过程包括气候、人口、垦殖、过牧和樵采等；常轶深等（2012）通过对艾比湖典型断面土壤粒度特征分析，发现研究区粒径组成以中粉砂为主；冉启洋等（2013）研究了塔里木河上游绿洲土壤表层盐分特征，表明土壤含盐量和碱化程度较高，土壤 pH 值具弱变异性，电导率、总盐量和大部分离子含量均具强变异性；于嵘等（2006）对中国西北盐碱区植被盖度遥感方法分析中表明艾比湖地区表层土壤含盐量为 4%～8%，属于盐土范围，植被类型相对较少且植被覆盖率明显偏低；樊仙等（2009）利用系统聚类分析研究了疏勒河灌区土壤剖面盐分具有表聚。

艾比湖地区已成为新疆生态严重退化区和我国盐尘暴主要来源区之一。据最新 30 年遥感数据解译表明：艾比湖面积日益萎缩，湖心已经向东南方向迁移 1.23 km，西北部已经沦为干涸湖底，东北部土壤沙化严重。艾比湖西南和东南部湿地是现存的最大湿地区域，但其沙化、盐化趋势日益明显。目前，对艾比湖的土壤有机质、土壤盐渍化、植物群落与土壤环境的关系研究主要集中在湖周到绿洲农田、博河下游、精河下游、阿奇克苏河下游，而对艾比湖绕湖 60 km 范围的研究和分析少见，所以本研究选择绕湖 60 km 区域分析艾比湖西南向东南方向植被群落演替结构及土壤环境特征，为恢复艾比湖的自然生态环境提供科学依据。

6.1.1 研究区概况

艾比湖深居亚欧大陆腹地，位于新疆精河县，82°33′47″～83°53′21″ E、44°31′05″～45°09′35″ N，是准噶尔盆地西部最低洼地和水盐汇集中心，也是新疆第一大咸水湖。年降水量 100 mm 左右，蒸发量 1 600 mm 以上，极端最高气温 44 ℃，极端最低气温 −33 ℃，属典型温带干旱大陆性气候，西北的阿拉山口是全国著名的风口，全年 8 级以上大风达 165 d。20 世纪 50 年代以来，随着人类大量的引水和修建水利工程，有地表水持续补给艾比湖的只剩博尔塔拉河和精河，所以艾比湖主要的湖周湿地集中在南岸。目前，为了保护现有的湿地，在艾比湖南岸鸟岛站进行了引水围堰工程，在东南部进行了梭梭植物的恢复工程，艾比湖湿地植物群落由湿生、中生向旱生、超旱生和盐生、耐沙生种类演替。植被类型有胡杨、梭梭、芦苇、盐节木、碱蓬、黑果枸杞、木本猪毛菜、骆驼刺、花花柴等；艾比湖湿地主要土壤类型包括沼泽土、泥炭土、草甸土、沼泽盐土、草甸盐土、风沙土和灰漠土等。

6.1.2　研究方法

6.1.2.1　样地设置及采样

研究区示意图见图 6.1，由博河入湖口向东至鸟岛芦苇湿地经鸭子湾到奎屯河下游绕艾比湖湖周 60 km，于 2012 年 5 月依次在博河入湖口（旱地以石砾和砂砾为主，耐旱、耐盐植物多，海拔 192 m，土壤质地以粉砂为主）、鸟岛芦苇湿地（芦苇荡、沼泽，有麻鸭、海鸥等，海拔 189 m 土壤类型为砂土）、鸭子湾（荒漠林地，盐化度高，海拔 201 m，土壤质地以粉砂为主）、奎屯河下游（植物群落以梭梭为主，沙丘环境，海拔 205 m，土壤质地以细

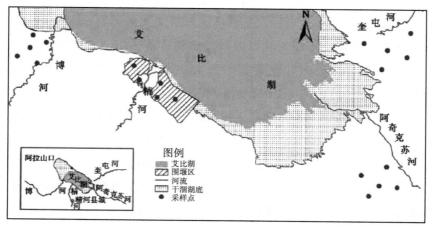

图 6.1　艾比湖湿地研究区示意图

砂为主）4 个点上各取 5 个 10 m×10 m 样方，统计植物的数量、种类、高度、胸径、冠幅等指标。土壤采样点在每个植物样方内，数目为 20 个，每个土样分为 4 层，分别为 0～5 cm，5～20 cm，20～40 cm，40～60 cm。样品总数为 80 个。每个剖面用 GPS 定位，编号保存，带回实验室，样品经自然风干后，过筛保存，进行土壤粒度、有机质、总盐、八大离子等测定。

6.1.2.2 室内分析与数据处理

灌木和草本植物的重要值计算式为：重要值 =（相对密度 + 相对盖度 + 相对高度）/3；Pielow 均匀度指数：$E=H'/H_{max}$，式中，H_{max} 为最大的物种多样性指数，$H_{max}=\ln S$（S 为群落中的总物种数），Shannon-wiener 指数：$H'=-\sum P_i \ln P_i$，式中 $P_i=N_i/N$，N_i 为物种 i 的个体数，N 为所在群落的所有物种的个体数之和；Margalef 丰富度指数：$D=(S-1)/\ln N$，式中，S 为群落中的总数目，N 为观察到的个体总数。

土壤有机质用重铬酸钾容量法测定、土壤粒度测定在 Marlven 激光粒度仪上测定、土壤总盐采用质量法测定、Cl⁻ 采用硝酸银滴定法、硫酸根采用 EDTA 间接滴定法。数据处理采用 Excel 2007 和 SPSS 11.0 软件。

6.1.3 结果与分析

6.1.3.1 艾比湖湿地湖周植物群落分析

根据野外调查 20 个植物样方发现，由图 6.2 可知，博河入河口有 4 个科，6 个种；鸟岛芦苇湿地有 7 个科，11 个种；鸭子湾有 5 个科，8 个种，奎屯河下游有 3 个科，3 个种。由西南向东绕艾比湖湖周 60 km 范围，根据植物的重要值计算，博河入湖口以碱蓬植物群落为主，群落 Pielow 均匀度指数为 0.201 2，Margalef 丰富度指数为 0.972 4，碱蓬植物重要值 45.14，盖度为 0.008；鸟岛芦苇湿地以芦苇植物群落为主，群落 Pielow 均匀度指数为 0.513 3，Margalef 丰富度指数为 0.483 3，芦苇植物重要值 52.93，盖度为 1.245；鸭子湾以盐节木植物群落为主，Pielow 均匀度指数为 0.587 6，Margalef 丰富度指数为 1.343 7，盐节木植物重要值 24.09，盖度为 0.017；奎屯河下游以梭梭植物群落为主，Pielow 均匀度指数为 0.525 5，Margalef 丰富度指数为 0.647，梭梭植物重要值 56.93，盖度为 0.123。

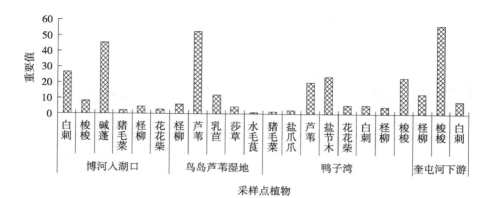

图 6.2　采样点植物重要值

6.1.3.2　艾比湖湿地湖周典型植物群落下土壤沙化盐化特征分析

（1）艾比湖湿地湖周典型植物群落下土壤粒度分析

艾比湖南岸湿地由西向东绕艾比湖湖周 60 km 范围内，采样点博河入湖口、鸟岛芦苇湿地、鸭子湾站、奎屯河下游离阿拉山大风口距离分别为 33.2 km、37.3 km、73.8 km、59.7 km。由图 6.3 得知，生长的碱蓬植物群落随着土壤剖面深度增加，平均粒径呈减小趋势；芦苇植物群落同碱蓬植物群落呈现相同的趋势，随着土壤剖面深度增加，平均粒径呈减小趋势，不同的是芦苇植物群落在 5～20 cm 的平均粒径大于碱蓬植物群落；盐节木植物群落随着土壤剖面深度增加，平均粒径大体不变，只有 5～20 cm 粒径变小；梭梭植物群落随着土壤剖面深度增加，平均粒径由大变小。由于奎屯河已经断流，无水入湖，奎屯河站梭梭群落与鸭子湾站盐节木群落均处在阿拉山口径直风向上，所以沙化严重；博河站碱蓬植物群落离博河较近，水源相对梭梭植物群落和盐节木植物群落多，但受阿拉山口大风和干涸湖底盐漠的影响，其沙化程度也日益加剧；而鸟岛站离精河较近，引水围堰工程使得周围植被相对丰富，地面粗糙程度相对较大，所以沙化程度较低。根据图 6.3 可知，4 种植物群落 0～20 cm 平均粒径从大到小依次为：梭梭植物群落＜盐节木和碱蓬植物群落＜芦苇植物群落，说明沙化最为严重的是梭梭植物群落，其次为盐节木植物群落和碱蓬植物群落，芦苇植物群落土壤沙化最轻。在空间尺度上 4 种典型植物群落下的土壤表现出不同程度的沙化。

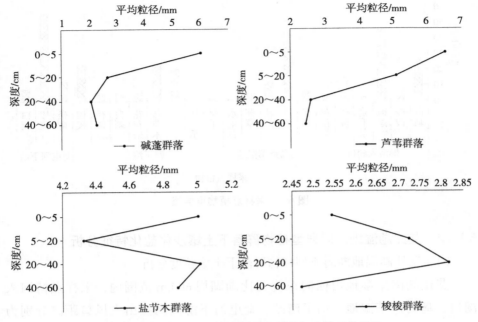

图 6.3　艾比湖湿地湖周典型植物群落下土壤平均粒径

（2）艾比湖湿地湖周典型植物群落下土壤有机质分析

土壤有机质（SOM）是表征土壤肥力和土壤质量的重要因子。由西南向东绕艾比湖湖周 60 km 范围，艾比湖湿地湖周典型植物群落下的土壤有机质含量为 0.000 3 %～2.340 1 %。如表 6.1，各典型植物群落之间以及群落各层之间土壤有机质含量存在着显著差异（$P<0.05$），有机质含量在表层（0～5 cm）表现为：碱蓬群落＞芦苇群落＞盐节木群落＞梭梭群落；碱蓬植物群落有机质含量从 0～5 cm 到 20～40 cm 减小，40～60 cm 又在增加；芦苇植物群落有机质含量整体上是减小的趋势；盐节木植物群落有机质含量在 5～20 cm 处较高；梭梭植物群落有机质含量几乎为零，由于奎屯河的断流，无水的补给，此地只能生长以梭梭为代表的耐沙生的物种。有机质积累与分解过程受到植被群落、土壤类型、凋落物和气候条件等诸多复杂因素影响。碱蓬植物群落有机质高于其他植物群落，可能是由于较多的表层凋落物促进了有机质的分解。另外，各典型植物群落下土壤有机质含量贫乏，土壤肥力缺失，土壤质量下降，不利于植被的生长。

表 6.1　艾比湖湿地湖周典型植物群落下土壤有机质显著性分析

植物群落	土壤深度 /cm			
	0～5	5～20	20～40	40～60
碱蓬群落	2.265 9 ± 0.283 3a	1.876 8 ± 0.215 2b	1.875 5 ± 0.294 2bc	2.34 ± 0.334 1a
芦苇群落	1.606 2 ± 0.861 7a	0.680 4 ± 0.531 1b	0.394 9 ± 0.293 9b	0.433 2 ± 0.309 2b
盐节木群落	1.188 7 ± 0.767 4a	1.583 4 ± 0.196 4a	0.366 2 ± 0.320 6b	0.644 ± 0.568 1ab
梭梭群落	0.000 5 ± 0.000 1a	0.000 3 ± 0.000 1a	0.000 3 ± 0.000 2a	0.000 5 ± 0.000 1a

　　注：表中数值为平均值 ± 标准差，数值后标注字母 abc 表示同一土壤深度的不同植物群落之间是否存在显著性差异，同列不同字母表示差异显著（$P<0.05$）。

（3）艾比湖湿地湖周典型植物群落下土壤盐分分析

　　对采样点盐分数据进行描述性统计分析见表6.2。典型植物群落（除梭梭植物群落外）土壤剖面0～5 cm层的总盐含量最高，且远高于其他土层，土壤剖面上盐分垂直分布呈现出明显的表聚性，表层总盐量：盐节木植物群落＞碱蓬植物群落＞芦苇植物群落＞梭梭植物群落。这种现象可能是由于盐节木植物群落地下水位埋深较浅，水分向上输送，蒸发强烈，导致土壤发生盐渍化。变异系数 CV 是描述土壤特性参数空间变异性程度的指标，当 CV≤10 % 时为弱变异性，当 10 %＜CV＜100 % 时为中等变异性，CV≥100 % 时为强变异性。研究区典型植物群落下土壤各层盐分的变异系数介于 10 %～100 %，表明典型植物群落下土壤具有中等的空间变异性，说明土壤盐分容易受到海拔、土壤类型、地形地貌、地下水位等影响。以 Cl^- 和 SO_4^{2-} 的值为基础，结合表 6.3，可以得到典型植物群落下土壤表层（0～5 cm）的盐渍化水平。从土壤盐渍化类型判断，碱蓬植物群落属于硫酸盐-氯化物型，芦苇植物群落和盐节木植物群落属于氯化物-硫酸盐型，梭梭植物群落属于硫酸盐型。在盐湖的持续演化过程中，卤水体积出现逐渐浓缩，饱和盐类矿物依次沉淀，其标型矿物沉积顺序为：碳酸盐、硫酸盐、氯化物，说明艾比湖土壤中矿物已经趋向于氯化物型，特别是艾比湖西南部。艾比湖湖水矿化度会越来越高，艾比湖湖面的萎缩咸化会进一步加剧，导致湖周土壤盐分更高，植被无法生存。

　　从盐渍化程度（表 6.3）判断：碱蓬植物群落下的土壤属于盐土，芦苇植物群落下的土壤属于轻度盐渍化，盐节木植物群落下的土壤属于中度盐渍化，梭梭植物群落下的土壤属于极轻盐渍化。艾比湖南岸湿地由西向东典型植物群落下土壤的盐渍化程度大小排列顺序为：碱蓬植物群落＞盐节木植物群落＞芦苇植物群落＞梭梭植物群落。

表 6.2 艾比湖湿地湖周典型植物群落不同土层总盐的描述性统计值

植物群落	深度 / cm	最小值 / （g/kg）	最大值 / （g/kg）	均值 / （g/kg）	标准偏差	变异系数	$Cl^-/2SO_4^{2-}$
碱蓬群落	0～5	1.73	26.73	10.84	10.36	0.96	
	5～20	2.08	4.76	3.39	1.02	0.3	1.42
	20～40	3.01	4.47	3.79	0.63	0.17	
	40～60	3.35	9.18	5.37	2.25	0.42	
芦苇群落	0～5	2.85	14.4	5.78	4.84	0.84	
	5～20	2.28	3.92	2.93	0.65	0.22	0.31
	20～40	2.01	4.11	2.8	0.82	0.29	
	40～60	2.19	3.67	2.71	0.61	0.22	
盐节木群落	0～5	8.02	22.41	15.68	6.73	0.43	
	5～20	5.49	14.07	8.98	3.24	0.36	0.58
	20～40	3.8	7.76	5.94	1.65	0.28	
	40～60	4	8.4	6.47	1.73	0.27	
梭梭群落	0～5	2	4.53	2.89	0.96	0.33	
	5～20	2.08	4.98	3.26	1.11	0.34	0.19
	20～40	2.46	4.88	3.47	0.92	0.26	
	40～60	2.77	5.43	4	1.22	0.3	

表 6.3 新疆盐渍化分类和分级标准

$Cl^-/2SO_4^{2-}$	盐渍化类型	极轻盐渍化	轻度盐渍化	中度盐渍化	强盐渍化	盐土
＞2	氯化物型	＜0.15	0.15～0.3	0.3～0.5	0.5～0.8	＞0.8
1～2	硫酸盐-氯化物型	＜0.2	0.2～0.3	0.3～0.6	0.6～1	＞1
0.2～2	氯化物-硫酸盐型	＜0.25	0.25～0.4	0.4～0.7	0.7～1.2	＞1.2
＜0.2	硫酸盐型	＜0.3	0.3～0.6	0.6～1	1～2	＞2

6.1.3.3 艾比湖湿地湖周典型植物群落下植物因子和土壤因子相关性分析

植物群落的生长与土壤关系密切，对艾比湖典型植物群落下植物盖度、重要值、总盐、有机质、平均粒径进行相关分析（表 6.4）。植物群落的重要值与植物群落下的土壤平均粒径呈极显著正相关（$P<0.01$），总盐与平均粒径呈显著正相关（$P<0.05$）外，其他因子之间并无显著相关性。

表 6.4 艾比湖湿地湖周典型植物群落下植物与土壤因子相关性分析

	重要值	盖度	平均粒径	有机质	总盐
重要值	1				
盖度	−0.018	1			
平均粒径	0.884**	−0.129	1		
有机质	0.377	0.279	0.312	1	
总盐	0.132	−0.271	0.578*	−0.085	1

注：* 表示差异在 0.05 水平显著相关；** 表示差异在 0.01 水平显著相关。

6.1.4 结论

根据对艾比湖湿地湖周典型植物群落下植物重要值、土壤粒度、有机质、总盐等进行分析，得到以下结论。

通过对 20 个采样点的植物样方中优势种重要值的分析，可以得出由西南向东绕艾比湖湖周 60 km 4 种典型的植物群落即碱蓬群落、芦苇群落、盐节木群落和梭梭群落，湖周植物群落特征呈现空间异质性。

通过对 4 种典型植物群落下的土壤平均粒度进行分析可以看出，土壤沙化程度在 0~20 cm 表现为：梭梭植物群落沙化最为严重，芦苇植物群落沙化最轻，而盐节木植物群落和碱蓬植物群落居于二者之间。

艾比湖湿地湖周典型植物群落下的土壤含盐量均值很高，尤其在表层盐分表聚性很强，这与金海龙等（2010）对艾比湖土壤盐分的研究表明艾比湖湿地不同类型土壤盐分存在明显的表聚现象保持一致。4 种典型植物群落下土壤盐化程度表现为碱蓬群落和盐节木群落为极重盐土，芦苇群落为重盐土，梭梭群落为盐渍化土壤，在空间尺度上典型植物群落具有差异性。

由西南向东绕艾比湖湖周 60 km 范围，典型植物群落下的土壤环境偏碱

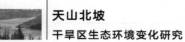

性，盐分含量相对较高，由西南向东南方向土壤沙化程度逐渐加剧，由东南向西南方向土壤盐渍化程度加剧。

6.2　艾比湖湿地开发及环境效益分析

20世纪初，随着世界经济的快速发展，湿地不断被开发，许多国际湿地不断地丧失和萎缩，引发了十分严重的环境后果。湖泊湿地开发所产生的问题越来越多，主要表现在，其一，近年对湖泊湿地的盲目开垦和改造，使自然湿地面积迅速减少，湿地整体功能严重下降；其二，湖泊湿地面积不断减少，速度不断加快；其三，由于过度捕捞和采集，使湖泊湿地水生动植物不断减少，部分珍稀物种正在消失；其四，污染严重，特别是水体污染严重。

近40多年来，由于人口增长过快、农牧业生产方式粗放、资源过度开发利用，以及干旱区生态环境本身具有脆弱性，艾比湖地区的生态环境问题日益突出，表现在湖面萎缩、植被破坏严重、荒漠化和风沙灾害加剧，现已成为我国四大浮沉源地之一。这些生态环境问题不仅仅是艾比湖地区的问题，它还直接关系到天山北坡经济带和新亚欧大陆桥的可持续发展问题，已列入自治区的重点优先项目。

6.2.1　研究区概况

艾比湖流域位于新疆准噶尔盆地西南部，湖区居该流域中部偏北，由于是准噶尔盆地西南部的最低洼地，所以也是水盐的汇集中心。该区域介于82°33′47″~83°53′21″ E、44°31′05″~45°09′35″ N，总面积2 956.27 km²。艾比湖是新疆第一大咸水湖，其湿地属于湖泊湿地、沼泽湿地和河流湿地组合，具有这些湿地种类的共性，是一个具有典型干旱区山地-绿洲-荒漠生态环境特点的区域。

6.2.2　典型湖泊湿地开发及环境效益分析

6.2.2.1　生态系统服务功能和生态价值对比

从对全国湖泊湿地生态系统服务功能和价值的研究来看，对东部、中部湖泊湿地的研究居多，而西部和新疆湖泊湿地的研究较少。本研究对东部洪泽湖、中部鄱阳湖、西部青海湖和新疆艾比湖在生态系统服务功能和价值2个方面进行了比较（表6.5）。由于东部、中部湖泊湿地与西部湖泊湿地在气候、土地、水资源等方面的差异，导致东部、中部与西部新疆艾比湖在生态系统服务功能上有很大差异。东部、中部湖泊湿地在生态服务功能上较接近，因多与大江大河相通，是具有过水功能的吞吐湖，对调节大江大河的洪枯、水量作用很大，所以这些湖泊首要功能是调蓄洪水。西部青海湖由于最近几年旅游开发规模较大，旅游业日益旺盛，加上当地居民的过渡开发利用，湖泊湿地污染严重，废物增多，所以西部青海湖生态服务功能第一位的是废物处理。新疆艾比湖属于典型的温带大陆性干旱气候，对气候变化和人类活动的影响具有较强的敏感性，调节气候就排在首位。由于生态环境脆弱，干旱区湖泊湿地的干旱、大风、蒸发量大，保持土壤在生态服务功能上处于非常重要的位置。

表6.5 我国东、中、西部湖泊湿地生态系统服务功能和价值比较

项目		洪泽湖	鄱阳湖	青海湖	艾比湖
生态服务功能	第一位	调蓄洪水	调蓄洪水	废物处理	调节气候
	第二位	物质产生	降解污染	涵养水源	蓄水
	第三位	调节气候	调节气体	气候调节	保持土壤
	第四位	供水蓄水	保持土壤	保持土壤	调节气候
	第五位	调节气体	营养物质循环	气体调节	净化水质
生态价值	单位价值/元	32 561	187 584.3	11 504.56	13 911
	总体价值/元	52×10^8	740.96×10^8	340.88×10^8	30.64×10^8
	直接使用价值/元	5.25×10^8	104.46×10^8	29.04×10^8	0.55×10^8
	间接使用价值/元	30.43×10^8	412.6×10^8	284.27×10^8	26.23×10^8
	非使用价值	16.45×10^8	223.9×10^8	27.57×10^8	3.86×10^8
湖区面积/hm²		159.7×10^3	395×10^3	$2 963 \times 10^3$	128.886×10^3

从表6.5可见，在生态价值方面，东部、中部湖泊湿地单位价值远高于西部干旱区湖泊湿地，单位价值最高的是鄱阳湖（187 584.3元），依次是洪泽湖（32 561元）、青海湖（11 504.56元）、艾比湖（13 911元），所以东部、中

天山北坡
干旱区生态环境变化研究

西部湖泊湿地资源丰富，直接使用价值高于干旱区湖泊湿地。从表6.5还可见，在单位价值、总体价值、直接使用价值、间接使用价值和非使用价值上，中部鄱阳湖湖西部青海湖东部洪泽湖干旱区艾比湖。鄱阳湖资源丰富，是人类开发最早、生态破坏较严重的湖泊，因此，生态服务功能第二位的是降解污染。

6.2.2.2　湖泊湿地开发方式对比

我国东部、中部湖泊湿地由于气候湿润、资源丰富，使生态系统服务功能不同于西部湖泊湿地，其生态价值也高于西部青海湖和新疆艾比湖，所以其开发利用远远优于西部干旱区湖泊湿地。东部、中部湖泊湿地在开发利用方面具有很大共性，主要是利用湿地水资源开展水产养殖；利用天然渔业资源开展捕捞活动，采摘野生蔬菜资源；利用湿地植被资源进行人工放养；利用湿地土地资源开垦种植经济作物；利用湿地植物资源作为柴薪、绿肥等；鸟类资源也是湖区百姓的经济来源，大雁、野鸭是重要的狩猎对象。东部、中部湖泊湿地同时为城市提供水源和丰富的旅游观光资源。由于景色宜人，旅游观光占湖泊湿地开发的很大部分，此外还有航运与发电。

由于先天的气候资源条件，西部干旱区湖泊湿地在开发利用方面远不如东部、中部湖泊湿地。西部湖泊湿地开发主要以引流灌溉、放牧、盐矿开发等，而渔业、苇业和旅游观光开发相对较少，比东部、中部湖泊湿地的旅游观光差，但比干旱区湖泊湿地旅游观光开发好。干旱区湖泊湿地开发除了以引流灌溉为主以外，还进行放牧和盐矿开发，近几年又开始发展起来渔业养殖。以干旱区湖泊湿地艾比湖为例：2010年灌溉面积达到16万 hm^2，畜牧业是其主要的开发利用方式，2001年耕地开垦已达153 629 hm^2。2000年卤虫捕捞量180 t，实现产值3 500万元。目前，艾比湖卤虫年资源量约2万 t。艾比湖的盐业发展突飞猛进，总晒场达到201.31 hm^2，年生产能力达到原盐5万 t、粉洗加碘精盐1.5万 t、芒硝3万 t，氯化镁1 000 t。从2006年开始，当地对艾比湖保护区进行了大规模的围堰引水，用引水注水方式恢复退化湿地，在不影响保护区生态环境的前提下开展了长江绒螯蟹养殖，年总产量20 t左右。

6.2.2.3　湖泊湿地开发对生态环境的影响分析

湖面缩小：新疆艾比湖因上游地区开荒而大量截引河水，导致入湖水量

196

逐年减少，湖面积由 1950 年的 1 070 km² 减少到 2000 年的 530 km²，2004—2007 年湖泊面积又缩小至 502 km²。目前洪泽湖滩地 11.5～16 m 高程范围内已被围垦 1 018 km²，其中 12.5 m 以下高程湖区围垦面积为 198 km²，湖区水域面积缩小了 600 km²，削弱了湖泊湿地的洪水调蓄功能。而对鄱阳湖的某些不合理开发活动，特别是围湖造田工程使鄱阳湖的湖泊面积严重减少，由 1954 年的 5 050 km² 减少到 2002 年的 4 050 km²，其中围垦使湖泊面积减少了 1 210 km²。青海湖湖水面积从 1959 年的 4 548.3 km² 减少到 2000 年的 4 260 km²，到 2004 年湖水面积仅为 4 254.38 km²，共减少了 5.26 km²。

植被破坏：由于人类过度放牧和毁林开荒，艾比湖约 60 % 的湖滨植被已衰亡，剩余植被以每年 39.8 km² 的速度变为沙漠。气候干旱和过度放牧、盐碱的沙尘侵入草场也是草场沙化、碱化、退化的主要原因，洪泽湖生物种类、个体数量都大量减少，水生高等植物退化严重。20 世纪 80 年代末，水生高等植物为 34.44 %，现已不足 30 %。鄱阳湖森林砍伐有增无减，导致湖区森林资源锐减，加之湖滩草地过度放牧，使地带性植被大量破坏。青海湖由于受气候变化、人类过度开发和放牧活动的影响，流域草地退化严重，其中中度退化 75.8 万 hm²、重度退化 20.4 hm²。

生物资源减少：艾比湖地区是荒漠生物多样性的宝库、鸟禽的乐园。近 50 年来湖区生态环境破坏严重，风沙天气大而频繁，大量鸟类因风沙天气摔伤死亡。1988—2008 年，洪泽湖保护区鸟类总数减少 48 种，国家一、二级保护鸟类减少 10 种，鱼类种数减少 38.1 %。由于保护措施不到位，致使前几年盲目围湖开发现象增多，再加上近几年苏北地区的连续干旱，使洪泽湖湿地严重萎缩（截至 2000 年洪泽湖湿地已减少 1 666.7 hm²），生物多样性减少。鄱阳湖名贵的银鱼比 20 世纪 50 年代减少了 50 %，其他鱼类和水产品也迅速减少。目前青海湖野生动植物有 15 %～20 % 濒临灭绝，如普氏原羚是我国特有的珍稀物种，现数量不足 300 只，仅生存于青海湖流域。

水资源污染增加：2002—2003 年，艾比湖水质处于五类水标准；2004 年为劣五类水，此时超标项目仅 1 项，2005 年以后超标项目增加至 2～4 项，说明湖水水质恶化趋势进一步加剧。洪泽湖湖体氮、磷污染严重，富营养化形势严峻，入湖河流污染严重。据环保部门监测，洪湖每年养殖入湖饵料的总氮量为 2 800 t，磷为 1 400 t。围网养殖是导致洪湖水质严重恶化的主要原因。鄱阳湖区城市发展较快，城市排放的各种污水不断增加，在一定程度上加大了鄱阳湖的污染，全湖的含锌超标率为 90% 以上，铜的超标率为 20%～30%，换水周期只有 9 d 的大型湖泊竟出现上述现象，前景让人忧虑。据青海省水文水资源局勘测表明，青海湖含盐量已由 12.49 g/L 上升到目前 16 g/L，pH 值由过去的 9 上升到 9.2 以上，部分水区高达 9.5。

水土流失与土地沙化日趋严重：由于艾比湖湖水面积逐年缩小和处在新疆著名风口阿拉山口的下风向，使裸露出来的 1 500 km² 干涸湖底成为危害新疆北部的最大沙尘源。20 世纪 90 年代以来，位于艾比湖旁的精河县浮尘天气平均达到 112 d，是 60 年代的 9 倍，每年降尘达 289 t/km²。根据 2001 年的统计，洪泽湖流域林业用地水土流失面积达 3 321 01 hm²，占 56.2%；全流域林业用地水土流失面积占全流域土地面积的 39.8%。鄱阳湖风化流沙 3～5 m/年的速度向群众居住地和生产区推进，淹没大量农田，沙漠化面积不断扩大。更为严重的是，流沙冲进鄱阳湖，淤塞水道，抬高河床，严重影响了鄱阳湖的泄洪和航道的畅通。2000 年青海湖流域沙漠化土地面积又扩大到 1 695.12 km²，1956—2000 年平均年增 28.89 km²，流域土地沙漠化扩展速率平均达 8.86%，成为我国西部土地沙漠化强烈发展区之一。

6.2.3 结论与建议

新疆艾比湖和东部洪泽湖、中部鄱阳湖、西部青海湖虽然在自然、社会和经济上有多种差异，但却同样面临着相似的生态、社会和经济问题。从文献资料可见，全国大多数湖泊湿地包括东部洪泽湖、中部鄱阳湖和西部青海湖在开发之后，特别是围堰之后，生态环境遭到了不同程度的破坏。通过我们对艾比湖湿地的实地考察与访谈了解到，艾比湖湿地在 2006 年开发围堰之后，围堰区生态环境有了很大改善与提高。据湿地管理人员描述，艾比湖湿地生物量明显增多，环境有了很大改善。主要采用以不影响自然保护区整体功能为前提，以围堰的形式挖沟注水，养殖长江绒螯蟹。这样不但增加了湿地的水生生物量，也丰富了鸟类的食物来源，改善和提高生态环境，对当地生物的保护和种群的扩大发挥了积极作用。

在湖泊湿地的开发利用方面，不能一味追求其经济效益，而应以生态环境保护与恢复为主，实现区域社会、经济与生态的协调发展。根据近年来湖泊的开发现状，结合东部、中西部和新疆艾比湖湿地在开发利用方面的一些经验和教训，提出以下建议：其一，针对湖泊湿地脆弱性特征，湿地保护对策主要包括控制上游来水质量，尽量减少湖水污染；加强生态监测与研究，制定湿地保护规划，加强和完善管理制度；坚持开发与保护并举，实现湖区的可持续发展。其二，利用工程措施恢复湿地，使用围堰引水的方法并结合当地的特有气候及水文条件，实施合理的水资源管理和严格的辅助管理措施，进行有效的灌排水人工调控。其三，在开发和利用湿地方面，要以科学为依据。其四，积极开展湿地保护的国际合作与交流，通过与国际组织或政府的合作，学习国外先进经验，争取国际组织、外国政府和友好人士的支持，扩大湖泊湿地保护的资金来源与投入。其五，加大东中部湖泊湿地的生态恢复工作，重视西部湖泊湿地的科学合理开发，特别是新疆干旱区湖泊湿地应得到社会的广泛关注。

7

主要参考文献

艾尤尔·亥热提, 王勇辉, 海米提·依米提, 2015. 艾比湖湿地土壤速效钾的空间变异性分析[J]. 土壤通报, 46(2): 375-381.

白军红, 王庆改, 黄来斌, 等, 2010. 内陆碱化湿地土壤有机质和全磷的时空分布特征[J]. 海洋湖沼通报(4): 34-40.

常轶深, 钱亦兵, 王忠臣, 等, 2012. 艾比湖地区南北典型断面的土壤粒度特征[J]. 干旱区地理, 35(6): 968-977.

程雷星, 陈克龙, 汪诗平, 等, 2013. 青海湖流域小泊湖湿地植物多样性[J]. 湿地科学, 11(4): 460-465.

崔保山, 赵欣胜, 杨志峰, 等, 2006. 黄河三角洲芦苇种群特征对水深环境梯度的响应[J]. 生态学报, 26(5): 1533-1542.

丁建丽, 塔西甫拉提·特依拜, 2002. 基于 NDVI 的绿洲植被生态景观格局变化研究[J]. 地理学与国土研究, 18(1): 23-26.

段剑, 杨洁, 刘仁林, 等, 2013. 鄱阳湖滨沙地植物多样性特征[J]. 中国沙漠, 33(4): 1034-1040.

樊仙, 刘淑英, 王平, 等, 2009. 疏勒河灌区土壤剖面盐分分布及组成特征分析[J]. 西北农业学报, 18(6): 347-351.

傅德平, 何龚, 袁月, 等, 2008. 艾比湖湿地植物群落特征与土壤环境关系研究[J]. 江西农业学报, 20(5): 106-110.

高秀丽, 邢维芹, 冉永亮, 等, 2012. 重金属积累对土壤酶活性的影响[J]. 生态毒理学报, 7(3): 331-336.

葛拥晓, 吉力力·阿不都外力, 刘东伟, 等, 2013. 艾比湖干涸湖底 6 种景观类型不同深度富盐沉积物粒径的分形特征[J]. 中国沙漠, 33(3): 804-812.

金海龙, 白祥, 满中龙, 等, 2010. 新疆艾比湖湿地自然保护区土壤空间异质性研究[J]. 干旱区资源与环境, 24(2): 150-157.

李尝君, 吕光辉, 贡璐, 等, 2013. 艾比湖湿地自然保护区克隆植物群落空间格局及其对水盐胁迫的响应[J]. 干旱区研究, 30(1): 122-128.

李万娟, 李志忠, 武胜利, 等, 2010. 新疆艾比湖周边柽柳沙堆的粒度特征[J]. 干旱区地理, 33(4): 525-531.

刘付程, 史学正, 潘贤章, 等, 2003. 太湖流域典型地区土壤磷素含量的空间变异特征[J]. 地理科学, 23(1): 77-81.

路鹏, 彭佩钦, 宋变兰, 等, 2005. 洞庭湖平原区土壤全磷含量地统计学和 GIS 分析[J]. 中国农业科学, 38(6): 1204-1212.

罗来超，吕静霞，魏鑫，等，2013. 氮肥形态对小麦不同生育期土壤酶活性的影响［J］. 干旱
　地区农业研究，31（6）：99-102，133.

马玉娥，钱亦兵，段士民，等，2012. 艾比湖地区植被分布及物种多样性研究［J］. 干旱区研
　究，29（5）：776-783.

钱亦兵，蒋进，吴兆宁，2003. 艾比湖地区土壤异质性及其对植物群落生态分布的影响［J］.
　干旱区地理，26（3）：217-222.

冉启洋，贡璐，韩丽，等，2013. 塔里木河上游绿洲土壤表层盐分特征［J］. 中国沙漠，
　33（4）：1098-1103.

孙红雨，李兵，1988. 中国地表植被覆盖变化及其与气候因子关系［J］. 遥感学报，2（3）：
　204-210.

汪洋，郭成久，苏芳莉，等，2007. 灌溉水盐度及水层深度与芦苇产量的灰色关联度分析
　［J］. 中国农村水利水电（8）：22-24.

王丹，张银龙，庞博，等，2010. 苏州太湖湿地芦苇生物量与水深的动态特征研究［J］. 环境
　污染与防治，32（7）：49-54.

王宏，李晓兵，龙慧灵，等，2008. 整合 1982—1999 年 NDVI 与降水量时间序列模拟中国北
　方温带草原植被盖度［J］. 应用基础与工程科学学报，16（4）：525-536.

王辉，2007. 玛曲高寒草甸沙化特征及沙化驱动机制研究［D］. 兰州：兰州大学.

王庆改，白军红，张勇，等，2007. 湿地植物对土壤生态系统中氮含量变化的响应［J］. 水土
　保持研究，14（4）：164-167.

王世雄，王孝安，郭华，2013. 黄土高原植物群落演替过程中的 β 多样性变化［J］. 生态学杂
　志，32（5）：1135-1140.

王勇辉，何旭，海米提·依米提，2014. 艾比湖湿地土壤粒度特征分析［J］. 干旱地区农业研
　究，32（6）：183-187.

王勇辉，马蓓，海米提·依米提，2013. 艾比湖主要补给河流下游河岸带土壤盐分特征［J］.
　干旱区研究，30（2）：196-202.

温璐，董世魁，朱磊，等，2011. 环境因子和干扰强度对高寒草甸植物多样性空间分异的影
　响［J］. 生态学报，31（7）：1844-1854.

夏孟婧，苗颖，陆兆华，等，2012. 造纸废水灌溉对滨海退化盐碱湿地土壤酶活性的响应［J］.
　生态学报，32（21）：6599-6608.

谢霞，王宏卫，塔西甫拉提·特依拜，2010. 基于 RS 和 GIS 的艾比湖区域景观格局动态变
　化研究［J］. 中国沙漠，30（5）：1166-1173.

杨星，张利辉，郑超，等，2012. 黄顶菊入侵对土壤微生物、土壤酶活性及土壤养分的影响［J］.

植物营养与肥料学报, 18（4）: 907-914.

杨永梅, 杨改河, 冯永忠, 等, 2006. 毛乌素沙地沙化过程探析［J］. 西北农林科技大学学报
（自然科学版）, 34（9）: 103-108.

于嵘, 亢庆, 张增祥, 等, 2006. 中国西北盐碱区植被盖度遥感方法分析［J］. 干旱区资源与
环境, 20（2）: 154-158.

张静妮, 赖欣, 李刚, 等, 2010. 贝加尔针茅草原植物多样性及土壤养分对放牧干扰的响应
［J］. 草地学报, 18（2）: 177-182.

周慧平, 高超, 孙波, 等, 2007. 巢湖流域土壤全磷含量的空间变异特征和影响因素［J］. 农
业环境科学学报, 26（6）: 2112-2117.

CEMEK B, GNLER M, KILIC K, et al., 2007. Assessment of spatial variability in some
soil properties as related to soil salinity and alkalinty in Bafra plain in northern Turkey［J］.
Environmental monitoring and assessment, 124: 223-234.

DU F, LIANG Z S, XU X X, et al., 2007. Community biomass of abandoned farmland and
its effects on soil nutrition in the Loess hilly region of Northern Shaanxi, China［J］. Acta
fcologica sinica, 27（5）: 1673-1683.

GARCIA C, HERNANDEZ T, ROLDAN A, et al., 2000. Organic amendment and mycorrhizal
inoculation as a practice inafforestation of soil with Pinus halepensis Miller: Effecton their
microbial activity［J］. Soil biology and biochemistry, 32: 1173-1181.

HERBST M, DIEKKRUGER B, 2003. Modelling the spatial variability of soil moisture in
micro-scale catehment and comparison withfield data using geostatisties［J］. Physics and
chemisty of the earth, 8: 239-245.

JORDÁN M M, NAVARRO-PEDRENO J, GARCÍA-SÁNCHEZ E, et al., 2004. Spatial
dynamics of soil salinity under arid and semiarid conditions gelogical and environmental
implieations［J］. Environmental geology, 45: 448-456.

ROGERA A, LIBOHOVAB Z, ROSSIER N, et al., 2014. Spatial variability of soil phosphorus
in the Fribourg canton, Switzerland［J］. Geoderma, 217/218: 26-36.

WCINCR J, WRIGHT D B, CASTRO S, 1997. Symmetry of below ground competition
between Kochia scoparia individuals［J］. Oikos, 79（1）: 85-91.